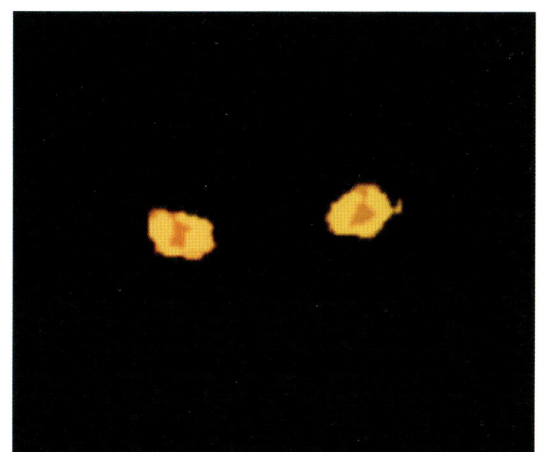

Mit Kindern die Nacht entdecken

Von Fledermaus bis Sternenhimmel

BÄRBEL
OFTRING

Die Natur bei Nacht entdecken

Jeder Tag geht einmal zu Ende, im Winter früher, im Sommer später. Wenn die Vögel verstummen und die Tiere der Nacht erscheinen, erwacht in der Dunkelheit eine völlig andere Welt. Bäume, Sträucher und Felsformationen bilden eine unheimliche Kulisse für die Lebewesen der Nacht. Nun hat auch die Fantasie viel mehr Raum, sich zu entfalten – und Entdeckerfreunde und Abenteuerlustige kommen bei nächtlichen Ausflügen voll auf ihre Kosten. Lassen Sie sich einladen!

FASZINATION NACHT

Mit der untergehenden Sonne wandelt sich das Licht. Es dämmert und Minute für Minute wird es dunkler, bei wolkenlosem Wetter zuerst am Osthimmel, zuletzt am westlichen Himmel, wo die Strahlen der untergegangenen Sonne noch länger die Atmosphäre erhellen oder gar an hohen Zirruswolken reflektiert werden. Dann ist es dunkel, wenn auch bei uns niemals völlig. Denn auch in vollmondlosen Nächten sorgen selbst ferne Städte für jede Menge Restlicht am Himmel, zum Leidwesen romantischer Nachtschwärmer und astronomisch interessierter Himmelsgucker, für die die Sternenlandschaft bei uns karg geworden ist.

SICH DER NACHT ZU NÄHERN ...

... dafür gibt es verschiedene Möglichkeiten. Einen wissenschaftlichen Blick liefern Astronomen und Meteorologen. Für sie beginnt die Nacht nicht mit dem Sonnenuntergang, sondern mit dem Ende der Dämmerung, bei uns etwa neunzig Minuten nach Sonnenuntergang. Folglich endet die Nacht dann lange vor Sonnenaufgang im ersten Dämmerlicht.

NACHTWIRKUNGEN

In diesem Buch halten wir es nicht mit den Wissenschaftlern: Für uns beginnt die Nacht, wenn das letzte bisschen Sonne hinter dem Horizont verschwunden ist. Wetterforscher befassen sich mit den Auswirkungen der Nacht (also der fehlenden Sonnenstrahlung) auf die Temperatur von Boden und Luft. Auch ohne Thermo- und Hygrometer spüren wir, dass es nachts deutlich kühler und in den frühen Morgenstunden kurz vor Sonnenaufgang am kältesten ist – und bei fehlender Wolkendecke sogar fröstelig kalt, selbst im Sommer. Tau, Nebel, Frost und Reif gäbe es nicht ohne Nacht. Kaum vorstellbar, oder?

So lange dauern Tag und Nacht

☽ **Das Verhältnis zwischen** Tag- und Nachtstunden pro Jahr ist überall auf dem ganzen Erdball gleich, nämlich eins zu eins. Am Äquator dauert tagaus, tagein jede Nacht so ziemlich genau zwölf Stunden. Am Nord- und Südpol hingegen gibt es jedes Jahr nur einen einzigen Tag und eine einzige Nacht, die jeweils ein halbes Jahr lang sind. Das sind die beiden Tag-Nacht-Rhythmus-Extreme auf der Erde. Vom Äquator polwärts verändert sich dieser Rhythmus, und Jahreszeiten mit kurzen Nächten im Sommerhalbjahr und langen im Winterhalbjahr werden möglich. An zwei Tagen im Jahr herrscht auf der ganzen Erde außerhalb der Polarkreise zwölf Stunden Tag und zwölf Stunden Nacht: an den Tag-und-Nachtgleichen bei Frühlings- und Herbstanfang.

Auch Psychologen befassen sich mit der Nacht und Dunkelheit, sie ergründen die Ängste und Abgründe der menschlichen Seele. Traumforschern ist die Nacht sehr nah, liefert sie doch unzählige Träume, die zu deuten und zu interpretieren sind. In Literatur und Musik geht die Nacht auf vielfältige Weise ein, inspiriert durch ihre Andersartigkeit die Fantasie der Künstler und liefert unzählige Motive für Romane und Prosa, für Liedgut und Musik (denken Sie nur an »Clair de Lune« von Claude Debussy, Nacht pur!) – geheimnisvoll und unheimlich, mystisch und magisch, lebendig und tödlich. Keine Grusel- oder Vampirgeschichte oder gar ein schriftstellerisches Werk aus der Romantik kommt ohne die Nacht aus, und Krimis finden in ihr eine einzigartige Kulisse.

Feuerfarben in Weiß, Gelb, Orange und Rot leuchten bei Nacht noch einmal so bunt und herrlich und sind stundenlang zu beobachten.

Auch ohne Feuerstelle brauchen Sie auf ein Feuer nicht zu verzichten: Metallene Feuerkörbe zähmen die lodernde Pracht.

NACHT – TOR ZUM JENSEITS

Im Volks- und Aberglauben ist die Nacht die Zeit der Gespenster, Geister, Teufel, Dämonen, Hexen und allerlei dunkler Gestalten, die im fehlenden Sonnenlicht ihr Unwesen treiben. Auch der Tod oder die Toten aus dem Jenseits, so glaubten die Menschen früher, kämen (fast) nur bei Nacht; sie hielten die unheimlichen »Kuwitt«-Rufe der Käuzchen für das drohende »Komm mit« des Todesboten. Friedhöfe, Galgenberge und Kreuzwege – ein Unding in früheren Zeiten, sich dort bei Dunkelheit aufzuhalten.

Die Geisterstunde dauerte von Mitternacht bis zum ersten Glockenschlag um 1 Uhr oder gar bis zum ersten Hahnenschrei am Morgen.

ZUR GEISTERSTUND´

Heute hingegen gehören Gespenster und Geister für uns ins Reich der Fantasie; so darf sogar das kleine Gespenst von Otfried Preußler in jedem Kinderzimmer umgehen. Gutenachtlieder spenden Schutz vor bösen Wesen und bringen erholsamen Schlaf – spüren Sie die Faszination der Nacht?

Nichtsdestoweniger lädt jeden von uns die Nacht mehr zum Fürchten ein als der Tag. Das liegt auch an unserem hauptsächlichen Sinnesorgan, den Augen, die, weil sie ohne lichtverstärkende Spiegelschicht (Tapetum luzidum) ausgestattet sind, wenig für die Nacht geschaffen sind. Und so liegt trotz umfassender wissenschaftlicher Betrachtungsweisen noch immer ein reizvoller Zauber auf der Nacht: Wenn Sie diesen in ihrer Gänze erleben wollen, dann müssen Sie raus – am besten heute noch und gleich.

Haben Sie gewusst,

dass an Nyktophobie leidende Menschen Angst vor Dunkelheit oder Nacht haben?

Kaum ein Tier ist so sehr mit der Nacht verbunden wie Eulen (hier ein Uhu). Haben Sie noch keine in der Natur gesehen, gehen Sie heute Nacht auf Eulen-Erkundungstour.

IM DUNKEL DER NACHT SEHEN

Nachts sind alle Katzen grau – und Farben tauchen erst im Schein einer Lampe auf. Das gilt für uns Menschen, denn um Farbe wahrnehmen zu können, brauchen die drei farbwahrnehmenden Zäpfchen (rot, grün, blau, gekoppelt durch additive Farbmischung – der gelbe Farbeindruck entsteht etwa, wenn die roten und grünen Zäpfchen angeregt werden) in der Netzhaut unserer Augen ausreichend Licht. Das sind ein paar Hundertstel Lux, etwa das Licht der hellsten Sterne und Planeten.

So hell sind ...

☽ ... **sternenklarer Nachthimmel (ohne Mond)**	0,001 Lux
☽ ... **Vollmondnacht**	0,25 Lux
☽ ... **Straßenlampe**	10 Lux
☽ ... **Zimmerlicht**	500 Lux
☽ ... **trüber Wintertag**	5.000 Lux
☽ ... **wolkenloser Sommertag**	100.000 Lux

Straßen-, Gebäude- und Reklamelichter machen die Stadt auch bei Nacht taghell.

Idee 1: Halten Sie am Nachthimmel Ausschau nach dem Planeten Mars oder dem hellsten Stern Aldebaran im Sternbild Stier: Beide strahlen eindeutig rot.

SCHWARZ WIE DIE NACHT

Ist die Lichtmenge zu schwach, funktionieren in der menschlichen Netzhaut nur noch die Stäbchen. Sie liefern ein schwarz-weißes Bild, weil sie nur hell und dunkel wahrnehmen können. Da der Himmel selbst in einer klaren, mondlosen Nacht in einer Umgebung ohne jede künstliche Lichtquelle (also etwa mitten auf dem Ozean) nicht völlig schwarz ist, ist ein bisschen Sehen für den Menschen möglich.

Idee 2: Besuchen Sie auch eine Höhle: Dort ist es ohne künstliches Licht stockdunkel – und das ändert sich auch nicht beim stundenlangen Versuch, die Augen ans Dunkel zu gewöhnen. Schwarz ist dort tatsächlich schwarz!

Lichtverschmutzung – dafür sind vor allem die hellen Lichter von Straßen- und Gebäudebeleuchtungen verantwortlich, die eine Lichtglocke über Großstädte und Industrieanlagen zeichnen. Das in die Erdatmosphäre gestreute Licht bewirkt nicht nur, dass Sie in Städten nur noch die hellsten Sterne und Planeten sehen können – auch in größerer Entfernung ist der horizontnahe Himmel über der Stadt so hell beleuchtet, dass das Sternegucken ziemlich eingeschränkt ist. Noch deutlicher können Sie diese Lichtverschmutzung bei bewölktem Himmel erkennen. Da das Licht von den Wolken reflektiert wird, ist die Nacht in der weiteren Umgebung einen Tick heller. Den Unterschied merken Sie rasch, wenn Sie im Gebirge oder am siedlungsfernen Strand zum Meer blicken: Im Sommer etwa sehen Sie nur dort die Milchstraße, denn in den Städten ist es zu hell (und die Luft enthält dort zu viele Staub- und Schmutzpartikel).

So können Sie Ihre »Nachtsinne« schärfen ...

☽ ... **bei Nacht mit geschlossenen Augen,** bei Tag mit verbundenen Augen!

☽ ...Wenn es dunkel ist, fallen unsere Augen als Sinnesorgane so ziemlich weg. Dann sind Hör-, Tast- und Riechsinn viel schärfer als bei Licht.

Idee 3: Setzen Sie sich draußen auf eine Bank und lauschen Sie in die Umgebung. Was hören Sie? Welche Geräusche sind weit weg, welche ganz nah? Wo befinden sich die Geräuschquellen – vor Ihnen, hinter Ihnen, rechts oder links?

Idee 4: Lassen Sie sich von einem Mitmenschen führen, bei akzeptablem Untergrund gern barfuß. Achten Sie auf den Untergrund: Ist er eben oder uneben? Geht es bergauf oder bergab? Fällt er seitlich ab?

Idee 5: Tasten Sie die Rinde von verschiedenen Bäumen ab, eine glattborkige Buche etwa oder eine rauborkige Eiche. Spüren Sie die Unterschiede? Öffnen Sie die Augen und tasten Sie erneut: Fühlt sich die Rinde genauso an wie mit geschlossenen Augen?

Idee 6: Nehmen Sie an einem Erlebnis der besonderen Art teil: Machen Sie einen Blindwalk mit, besuchen Sie ein Dunkelrestaurant!

Entfällt unser wichtigstes Sinnesorgan, die Augen, müssen wir uns neu orientieren und Vertrauen gewinnen in unsere Hör- und Tastsinne.

EINE NACHTWANDERUNG PLANEN

Im Grunde genommen unterscheidet sich die Planung einer Nachtwanderung nur unwesentlich von der einer Wanderung bei Tageslicht. Wenn Sie ein paar Dinge beachten, fällt Ihnen die Vorbereitung ganz leicht. Und weil Kinder am besten durch »learning by doing« lernen, ist es eine gute Idee, sie von vornherein mit einzubeziehen.

Für eine Nachtwanderung müssen Sie nicht warten, bis die Kirchturmuhr zwölfmal schlägt. Die meisten Tiere sind in der ersten Nachthälfte nach Ende der Dämmerungsphase unterwegs, sodass Sie gemütlich nach dem Abendessen starten können. **Idee 7:** Beginnen Sie Ihre Naturtour doch einmal im Hellen mit einem Lagerfeuer oder einem gemütlichen Picknick so wie früher.

Tipps:

▌Taschenlampe nur einschalten, wenn Sie sich unsicher fühlen. Sonst besser ausgeschaltet lassen, damit sich Ihre Augen an die Dunkelheit gewöhnen. Ohne künstliches Licht erleben Sie die Nacht so, wie sie nun einmal ist. Bei Vollmond ist eine Taschenlampe kaum nötig!

▌Wenn Ihre nächtliche Tour durch Jagdgebiete geht und Sie die Wege verlassen wollen, erkundigen Sie sich vorab, ob dort eine Jagd stattfinden soll. Dann das Gebiet besser meiden.

▌Gehen Sie stückweise schweigend oder gar allein durch die Nacht – so erleben Sie sie noch intensiver.

Eine Taschenlampe dabei zu haben, ist gut – denn sie gibt Sicherheit und ermöglicht es Ihnen, mal nachzuschauen, wenn Ihnen etwas merkwürdig vorkommt. Schalten Sie sie aber immer wieder aus.

Die nächtliche Tour kann auf bekannten Spazier- und Wanderwegen rund um Ihr Zuhause stattfinden – oder Sie suchen neue Ziele auf. Dann planen Sie die Tour mit Routenplaner oder einer Wanderkarte. Vereinbaren Sie auch ein Signal für den Notfall, alle dreißig Sekunden drei Pfiffe mit der Trillerpfeife etwa. Oder aber Sie lassen Ihr Handy eingeschaltet, stumm, aber mit Vibrationsalarm.

Orientierung muss auch bei Nacht sein: Lernen Sie den Sternenhimmel kennen, allen voran den Großen Wagen und den Polarstern Er weist Ihnen zuverlässig den Weg nach Norden, sofern keine Wolken den Himmel bedecken.

DIE PASSENDE AUSRÜSTUNG

Die Wahl der Bekleidung hängt natürlich von der Jahreszeit und dem aktuell herrschenden Wetter ab: Grundsätzlich sollten Schuhe, lange Hose und Jacke wetterfest und robust sein – und ausreichend warm, denn nachts sinken die Temperaturen locker um 5–10 °C gegenüber den Tagestemperaturen ab, in wolkenlosen Nächten auch weit mehr! Das müssen Sie beim Ankleiden bedenken: Sind tagsüber Handschuhe und Wollsocken nötig, so muss es nachts zusätzlich eine wärmende lange Unterhose sein. Nur wenn der Körper richtig warm ist, macht ein Aufenthalt im Freien wirklich Freude – und das sollte er ja!

Wählen Sie festes, knöchelhohes Schuhwerk, denn bei Dunkelheit können Sie Unebenheiten auf Wegen oft nur schlecht erkennen. Geeignete Schuhe geben Ihren Fußgelenken Halt, etwa wenn Wurzeln, Steine oder Felsen den Weg unsicher machen.

Je nach Dauer, Ausflugsgebiet und Ortskenntnissen gehört dies in den Nachtwanderungsrucksack:

▐ Plastikbeutel für Funde oder Müll
▐ Taschenlampe (plus Ersatzbatterien)
▐ Regenjacke oder Regencape
▐ Trillerpfeife für Notfälle
▐ Kompass oder GPS-Gerät zum Orientieren im Gelände
▐ Wanderkarte (am besten eine topografische Karte)
▐ nachtleuchtende Sternenkarte
▐ ein paar Heftpflaster oder Reiseapotheke
▐ Taschentücher (auch als Ersatz für Klopapier, bitte in einer Mülltüte wieder mitnehmen!)
▐ Getränk sowie belegte Brote, Obst, Müsliriegel

Nehmen Sie nur das mit, was wirklich nötig ist – der Rucksack sollte nicht zu schwer werden.

Wichtig!
Müll und Abfälle werden wieder mit nach Hause genommen und im Mülleimer entsorgt!

Starten Sie Ihre Nachtwanderung vor Sonnenuntergang und lassen Sie sich unterwegs verzaubern von dem fantastischen Licht- und Farbenspiel, wenn sich die Sonne dem Horizont nähert, schließlich dahinter versinkt und die Sterne zu funkeln beginnen.

NACHT-HIGHLIGHTS RUND UMS JAHR

Einen Anlass für eine Nachtwanderung gibt es jeden Abend, das ganze Jahr über. Selbst bei Regenwetter, gut verpackt in einem langen Regencape und wasserdichten Schuhen, ist es ein Erlebnis, draußen zu sein. **Idee 8:** Gehen Sie doch einmal auf Regenerkundung und lauschen Sie: So viel lauter erscheinen die Geräusche der Regentropfen, die auf die Blätter plätschern. Und Regen ist nicht gleich Regen. Nehmen Sie die feinen Unterschiede im Regen wahr – einzelne Tropfen, feiner Landregen, starker Regenguss.

Doch bei trockenem Wetter im Frühling, Sommer, Herbst und Winter (auch wenn Schnee liegt) macht es umso mehr Freude. Hier ein paar Ideen für nächtliche Touren – am Wochenende, in den Ferien, beim nächsten Kindergeburtstag, in Kinderfreizeiten oder einfach mal so:

▮ Draußen unterm Sternenhimmel übernachten – im Garten, auf einem Grillplatz, im Wald, auf einer Wiese, auf einem Hügel, Berg oder im Gebirge oder am Strand – und abends ein Lagerfeuer machen, mit Stockbrot, Liedern und gruseligen Geschichten (S. 58/59).

Ein Käfer mit leuchtendem Po – das ist das Glühwürmchen, heute leider allerorts selten geworden.

»Ja, ich hab dich!« Spielen mit der Taschenlampe macht allen Kindern Spaß!

▮ Vogelkonzert: Von März bis Juni früh morgens vor der Morgendämmerung aufstehen und den Vogelstimmen lauschen: Nacheinander setzen immer mehr Vögel ein (S. 42). Wer war der Erste?

▮ Auf Sternschnuppenjagd: Wer entdeckt eine und darf sich etwas wünschen? Wie viele erscheinen in zehn Minuten am Himmel? (S. 72)

▮ Geocaching bei Nacht: Es gibt tatsächlich Caches, die nur bei Nacht gefunden werden können, denn die reflektierenden Hinweise auf die einzelnen Stationen sind nur mit einer Taschenlampe auffindbar. Sehr spannend (S. 75)!

▮ Winternacht: Der Schnee knirscht, Waldkäuze rufen, die schönsten Sternbilder und hellsten Sterne des Jahres stehen am Himmel (S. 114).

▮ Feuchte Frühjahrsnächte sind Krötennächte; nun wandern sie zu ihren Laichgewässern. Und wer mag, hilft ihnen über die Straße (S. 26)!

▮ Maikäfer flieg – und im Juni sind nachts die Junikäfer unterwegs (S. 24). Nicht fürchten, wenn einer in den Haaren landet!

▮ Glüh, kleiner Glühwurm: Welch Glück, wenn Sie in warmen Sommernächten die leuchtenden Käferlein entdecken, fliegend die Männchen, im Gras hockend die Weibchen (S. 51).

▌ Von wegen Blutsauger – unsere heimischen Fledermäuse stehen nur auf Insekten. Entdecken Sie optisch oder mit Bat-Detektor Zwerg-, Wasser- und Breitflügelfledermaus, Abendsegler, Mausohr und Co. (S. 96).

▌ Gasthaus Igel: Mit einem leckeren Mahl können Sie einen Igel anlocken und dann beobachten (S. 71). Hätten Sie gedacht, dass ein so kleines Tier so laut sein kann?

▌ Herbstnacht im Wald: Dort, wo es Rotwild gibt, und in Rothirschgehegen geht nun die Post ab – die Männchen röhren des Nachts um die Wette (S. 93). Sehr weit zu hören!

▌ Haben Sie schon einmal Venus, Mars, Jupiter oder Saturn mit eigenen Augen gesehen? Erkundigen Sie sich bei der nächsten Sternwarte oder im Internet, wann die Planeten sichtbar sind. Mit Fernglas ist noch mehr zu entdecken (S. 112)! Und wenn gerade keine Planeten zu sehen sind, tut es auch der gute alte Mond!

▌ Machen Sie einen Spaziergang durch Ihre Siedlung, durch das (sichere) Zentrum einer Großstadt, durch einen (sicheren) Park und lernen Sie sie kennen, wenn die meisten Menschen schlafen – um Mitternacht, um 4 Uhr morgens (S. 40).

Idee 9: ORIENTIERUNG IM DUNKELN

Nachts sieht die Umgebung anders aus als am Tag – und es kann schon passieren, dass man sich bei Dunkelheit sogar in bekanntem Umfeld verirrt. Wenn Sie kein GPS-Gerät und keinen Kompass zur Hand haben, können Sie sich so orientieren:

▌ Drehen Sie sich an jeder Wegkreuzung um und prägen Sie sich ein, wo Sie hergekommen sind. Das hilft für den exakt gleichen Rückweg.

▌ Halten Sie eine Uhr mit Zifferblatt so, dass der Stundenzeiger zum Vollmond hinweist. Die Linie des halbierten Winkels zwischen dem Stundenzeiger und »12 Uhr« weist nach Süden. Daheim schon einmal ausprobieren!

▌ Wie Sie sich mithilfe der Sterne am Nachthimmel orientieren, erfahren Sie auf Seite 73.

Munteres Figurenraten bei Vollmond: Gesicht, Hase und Mann wurden schon gesehen.

Die besten Nächte für Sternschnuppenjäger

☾ **1.–6. Januar, Quadrantiden:** bis zu 100 Sternschnuppen pro Stunde, in manchen Jahren auch 200 pro Stunde

☾ **1.–8. Mai, Mai-Aquariden:** bis zu 60 Sternschnuppen in der Stunde

☾ **10.–14. August, Perseiden:** bis zu 110 Sternschnuppen pro Stunde, die beste Nacht für Sternschnuppenjäger

☾ **14.–28. Oktober, Orioniden:** bis zu 40 Sternschnuppen pro Stunde

☾ **15.–19. November, Leoniden:** bis zu 50 Sternschnuppen pro Stunde, alle 33 Jahre sogar über 1000 Sternschnuppen pro Stunde (das nächste Mal um das Jahr 2039 herum)

☾ **7.–15. Dezember, Geminiden:** rund 60 Sternschnuppen pro Stunde

TIERE DER NACHT

Wer sich mit dem Einbruch der Dunkelheit nach draußen wagt, erlebt unsere heimische Natur von einer ganz neuen Seite: Die tagaktiven Tiere verschwinden und die nachtaktiven Tiere wachen auf – sofern sie nicht in Winterruhe oder Kältestarre verweilen. Und noch bevor die Nacht zu Ende ist, begrüßen in der ersten Jahreshälfte die Vögel den neuen Tag mit einem vielstimmigen Konzert.

Nachtaktive Tiere gibt es überall! Darum müssen Sie nicht weit fahren oder lange Wanderungen unternehmen, um überhaupt welche zu entdecken. Weite Ausflüge sind nur nötig, wenn Sie bestimmte Nachttiere sehen wollen – Rothirsche oder Uhus

Haben Sie gewusst,

dass die am Straßenrand aufgehängten CDs durch das blitzartige Aufleuchten im Scheinwerferlicht der Autos Rehe, Wildschweine und andere Wildtiere erschrecken und davon abhalten sollen, die Fahrbahn zu überqueren?

Geisteraugen – so scheinen Augen, die mit einem »leuchtenden Teppich« ausgestattet sind.

etwa. Aber schon vor Ihrer Haustür herrscht reger Nachtverkehr, insbesondere im Sommer: Ein Igel poltert durchs Gemüsebeet, ein Fuchs patrouilliert am Gartenzaun vorbei und Zwergfledermäuse erbeuten die kleinen Mücken, die sich im Licht der Straßenlaterne sammeln. **Idee 10:** Machen Sie ein lustiges Spiel daraus: Treten Sie an zehn aufeinanderfolgenden Abenden oder jeden Mittwoch vor dem Schlafengehen für ein paar Minuten vor Ihre Haustür. Wen hören Sie, wen entdecken Sie dort? Lassen Sie sich überraschen.

DIE SINNE DER NACHTTIERE

Manche Nachttiere wie der Waldkauz setzen auf große Augen, die viel vom wenigen Licht einfallen lassen. Andere besitzen eine spezielle Schicht (Tapetum lucidum) in den im Scheinwerferlicht leuchtenden Augen oder verlassen sich auf ganz andere Sinne:

Hören: Eulen, Mäuse und Fledermäuse besitzen einen ultrafeinen Gehörsinn, mit dem sie leiseste Geräusche wahrnehmen.

Riechen: Nachtfalter haben dank der großen Fühler, die zudem häufig noch in feine Äste aufgespalten sind, einen hervorragenden Geruchssinn.

Tasten: Katzen, Füchse, Mäuse, Siebenschläfer und viele andere Tiere nehmen die unmittelbare Umgebung mit ihren langen, sensiblen Tasthaaren wahr.

Idee 11: AUGEN, DIE NACHTS LEUCHTEN

Achten Sie bei nächtlichen Fahrten mit dem Auto (als Mitfahrer) auch einmal auf leuchtende Tieraugen am Straßenrand. Füchse, Katzen und andere Nachttiere können im Dunkeln viel besser sehen als wir Menschen. Das hat mehrere Gründe:

❚ Die Pupillen im Katzenauge öffnen sich rund 14 mm weit, die im menschlichen hingegen nur höchstens 8 mm.

▍Auf dem Augenhintergrund befindet sich eine Schicht lichtreflektierender Kristalle, die einen »Spiegel« bilden – das Tapetum lucidum, auf Deutsch: »leuchtender Teppich«. Das Licht fällt durch die Netzhaut, wird am Tapetum reflektiert und regt dann die lichtempfindlichen Sehzellen der Netzhaut ein zweites Mal an. Tiere, deren Augen eine solche Spiegelschicht besitzen, leuchten im Scheinwerferlicht auf.

VORTEILE VOM LEBEN IM DUNKELN

Erstaunlich viele Tiere – Nachtfalter, Glühwürmchen, Laufkäfer, Stechmücken, Spinnen, Eulen, Kröten, Frösche, Salamander, Rehe, Hirsche, Wildschweine, Füchse, Marder, Mäuse, Igel, Fledermäuse, Wölfe, Bären, Katzen – sind in der Dämmerung und Nacht aktiv. Warum wohl? Schutz vor Feinden und besonders gute Tarnung bei der Jagd sind wohl Gründe für nächtliche Aktivitäten. Den Säugetieren wurde es vielleicht sogar in die Wiege gelegt, nachts zu leben. Denn sie haben sich aus mesozoischen Säugetieren entwickelt, die wie die Dino- und andere Saurier im Erdmittelalter lebten. Paläontologen nehmen an, dass diese Säugetiere tagsüber ruhten und erst nachts dank leistungsfähiger Augen und Warmblütigkeit munter wurden. Möglicherweise haben sich zahlreiche Säugetiere einfach die nächtliche Lebensweise ihrer Vorfahren bewahrt.

Der geöffnete Mund der Fledermaus signalisiert, dass sie gerade laut Echoortung betreibt.

Männliche Nachtpfauenaugen nehmen die duftenden Lockstoffe der Weibchen kilometerweit wahr.

NACHTS … ALLEIN ZU HAUS

Seien Sie ehrlich! Haben Sie sich schon einmal von einer Spinne erschrecken lassen, die plötzlich im hellen Lichtkegel Ihrer Stehlampe aufgetaucht oder deren Schatten über die weiße Wand gehuscht ist? Ja, Spinnen bevölkern, zum Schrecken vieler Menschen, nachts das Haus – und sind besonders aktiv an den ersten kühlen Herbstabenden, wenn sie ins geheizte Gebäudeinnere umziehen. Doch noch mehr nächtliche Wesen treiben drinnen ihren Schabernack …

WAS POCHT DENN DA?

Diese Frage haben sich die Menschen vor hundert Jahren sicherlich sehr viel häufiger gefragt als heute. Denn in Zeiten von Kunststoff, Holzschutzmitteln und Zentralheizungen gehören »Holzwürmer« im Haus zu den aussterbenden Spezies, von deren Existenz nur noch die millimetergroßen Löcher in alten Türen, Schränken und Truhen zeugen. »Holzwürmer« sind in Wirklichkeit verschiedene Klopfkäfer (Familie Anobiidae), genauer ihre Larven, die das Holz befallen.

Gruselig: Besonders fürchteten sich die Menschen vor der Totenuhr! Wenn die Käfermännchen mit den Hinterbeinen auf hölzerne Wände, Schränke und Möbel klopfen, um ein Weibchen anzulocken, klingt das wie das Ticken einer Uhr. Dann glaubten die Menschen, die Uhr des sich nähernden Todes zu hören, der eine Seele an sich reißen wollte.

> **Haben Sie gewusst,**
> dass die Hauskatze von der Nubischen Falbkatze abstammt, die erst geraume Zeit nach Sonnenuntergang munter wird? Von ihr haben unsere Katzen nicht nur die nächtliche Lebensweise, sondern auch das ungesellige Leben als Einzelgängerin geerbt. Zur Pharaonenzeit vor rund 4000 Jahren wurde die Katze in Ägypten zum Haustier.

Sobald das Licht angeht, verschwinden die lichtscheuen Küchenschaben blitzschnell in dunklen Verstecken. Darum bekommen wir diese anpassungsfähigen Insekten kaum zu sehen.

Und wenn draußen auch noch ein Wald- oder Steinkauz rief, war der Furcht nicht mehr Einhalt zu gebieten. Heute können wir über diese »alten« Geschichten schmunzeln – aber bei Nacht sind auch unsere dunklen Keller und Dachstühle voller »furchtbarer« Wesen, und seien es »nur« große Hausspinnen.

Doch auch heute noch gibt es furchterregende Klopftöne im nächtlichen Haus: Die Staublaus *Trogium pulsattorium* etwa klopft hörbar mit ihrem Hinterleib auf morsches Holz ... Schon mal gehört? Nachts hinterm Ofen zirpende Heimchen sind in unseren spaltenlosen Wohnungen rar geworden. Kakerlaken, eher eklig als unhygienisch, halten sich lieber in Großküchen, Bäckereien und anderen nahrungsreichen Räumen auf. Bleiben für unsere Wohnungen an kleinen Dauergästen nur noch ... die Silberfischchen. Ihres Zeichens Insekten (6 Beine! Nachzählen!), nachtaktiv, genügsam, harmlos, allesfressend – sogar Schimmelpilze und Hausstaubmilben. Manchmal entdecken Sie eines beim nächt-lichen Gang in Toilette oder Bad (zu trocken dürfen die Räume nicht sein), wenn es rasch im Licht-schein in einer Ritze verschwindet.

Weiterhin bietet das Haus an nächtlich aktiven Lebewesen – Ihre Hauskatze oder den Goldhamster der Kinder.

NÄCHTLICHE BEOBACHTUNGEN

Jede Nacht legt der Goldhamster wie seine wild lebenden Verwandten auf der Suche nach Nahrung etliche Kilometer zurück – im Laufrad. **Idee 12:** Notieren Sie doch einmal eine ganze Nacht, wann der Goldhamster wach ist, wann er im Laufrad läuft und wann er ruht. Denn wie die meisten Nachttiere ist auch er nicht die ganze Nacht munter, sondern zieht sich hin und wieder zum Ausruhen in sein Häuschen zurück.

Bei uns ist übrigens der verwandte Feldhamster heimisch, der zwar größer ist, aber so ähnlich lebt wie der Goldhamster, allerdings in Feldlandschaften aus Löss- und Lehmboden.

Urlaub am Mittelmeer mit Gecko

☽ Nicht erschrecken, wenn nachts an der Zimmerwand Ihrer mediterranen oder südländischen Unterkunft ein bis zu 20 cm langer Mauergecko entlanghuscht! Er frisst nur Insekten, auch die lästigen Stechmücken – und sorgt so dafür, dass Sie gut schlafen. Dank hauchfeinster Borsten an den Lamellen seiner Füße, die nur im Elektronenmikroskop sichtbar sind, verschmilzt der Gecko bei jedem Schritt mit der Zimmerwand. Die schwach elektrischen Van-der-Waals-Kräfte machen es möglich.

WO BEI TAG NACHT HERRSCHT ...

Nicht die andere Seite unseres Erdballs ist gemeint, sondern das Nachttierhaus (auch Noctarium genannt), heute Teil vieler Zoos. Mit einem Schritt durch die Tür lassen Sie dort bei Tag den Tag hinter sich und tauchen ein in die geheimnisvolle Welt der Nacht. Der Vorteil: Sie erleben garantiert Nachttiere. Der Nachteil: Die meisten sind keine heimischen Tiere, sondern stammen aus aller Welt wie die Kattas, Flughunde und Erdferkel auf den Fotos. Macht nichts ... Wenn sich Ihre Augen nach ein paar Minuten an das Dunkel gewöhnt haben, öffnet sich ein Fenster in die Nacht.

Im Noctarium ist beleuchtungstechnisch der Tag-Nacht-Rhythmus um zwölf Stunden verschoben: Wenn der Zoo morgens öffnet, geht das Licht aus und für die Nachttiere beginnt die aktive Zeit. Abends geht das Licht wieder an – und die Tiere verkriechen sich zum Schlafen in ihre Verstecke.

Idee 13: HIGHLIGHT NACHTTIERHAUS

Möchten Sie einen Rotbauchtamarin, Gleichfarbkuskus, Kurzkopfgleitbeutler, Igeltanrek, ein Zwergaguti oder eine Brillenblattnase live erleben? Dann besuchen Sie doch das größte Nachttierhaus Europas im Frankfurter Zoo. Dort leben über 40 verschiedene Nachttierarten, auch Fuchsmangusten, Erdferkel, Springhasen und Serval! Ein Muss für Nachtfans! Auch in den Zoos von Berlin (mit echten Vampir(fledermäus)en!), Leipzig, München, Saarbrücken und Stuttgart gibt es Noctarien. Sehenswert ist außerdem das Fledermauszentrum Noctalis in Bad Segeberg (Schleswig-Holstein) mit einer Kolonie von 100 Brillenblattnasen-Fledermäusen.

Im Nachttierhaus sehen Sie die Tiere so nah wie nur selten in der freien Natur. **Idee 14:** Darum sollten Sie es sich nicht entgehen lassen, die kleinen Fledermäuse einmal genau zu beobachten. Kopfunter hängen sie an Ästen und Unebenheiten der Wände. Bevor sie losfliegen, heben sie ihren Kopf und drehen ihn in alle Richtungen. Dabei senden sie Ultraschalllaute aus und erhalten vom empfangenen Echo ein genaues Bild der Umgebung. Die größeren Flughunde – Fruchtfresser – hingegen orientieren sich mittels ihrer großen Augen.

Eingehüllt in die Flügel wie in einen Umhang hängen Flughunde tagsüber in den Bäumen – in Kolonien bilden sie eine lärmende Schar.

So beginnt die Erdferkelnachtaktivität: Nach dem Aufwachen wird am Eingang minutenlang die Umgebung observiert.

Kattas sind so frech wie sie aussehen – und tragen ihre Jungen ab der zweiten Woche auf dem Rücken. Da sie leicht zu halten sind, können Sie sie in vielen Zoos beobachten.

Frühlingsnächte

Lang herbeigesehnt, ist er nun endlich da, der Frühling! Mit ihm kehren die Vogelstimmen zurück, die uns jeden Morgen bei Wind und Wetter fröhlich grüßen. In den spürbar kürzer werdenden Nächten regen sich die aus Winterschlaf und Kältestarre erwachenden Lebewesen und verkünden mit Rascheln, Rufen und den ersten Jungtieren des Jahres das aufblühende Leben. Wie schön, dass Frühling ist!

ERLEBNIS FRÜHLINGSNACHT

Dass es Frühling wird, spüren Sie als Nachtabenteurer sofort: Von Abend zu Abend geht die Sonne im Minutentakt später unter und im selben Tempo morgens früher auf. Zahlen unterstützen dieses Gefühl: Der Sonnenuntergang verschiebt sich von Anfang März 18.02 Uhr zu Ende März 18.50 Uhr (dank Sommerzeit: 19.50 Uhr) – ebenso der Sonnenaufgang: Anfang März geht die Sonne um 7.04 Uhr auf, Ende März bereits um 5.59 Uhr (dank Sommerzeit: 6.59 Uhr). Das sind fast zwei Stunden, die die Nacht im Lauf des März kürzer wird. Und im April und Mai geht es so weiter – hier die Daten für Ende Mai: Sonnenuntergang 4.15 Uhr (dank Sommerzeit: 5.15 Uhr) und Sonnenaufgang 20.20 Uhr (dank Sommerzeit: 21.20 Uhr). Richtig dunkel ist es auch erst eine Stunde nach Sonnenuntergang – und eine Stunde vor Sonnenaufgang wird es schon wieder hell. Ahnen Sie, wie kurz die Nacht ist …

WANDEL AM TAGESENDE

Dennoch: Die letzten Tagstunden entfalten eine unbeschreibliche Faszination. Mit der untergehenden Sonne wandelt sich das Licht, Körper und Seele schalten einen Takt langsamer und unaufhaltsam macht sich Dunkelheit breit. Nun beginnt Ihr Abenteuer, denn ein Ausflug in die Nacht verspricht Erlebnis, Spannung und auch ein bisschen Nervenkitzel, insbesondere für die Kleinen. Es gibt kein Alter, in dem man zu jung oder zu alt für eine Nachtwanderung ist. Falls dabei die innere Anspannung zu groß wird, nehmen Sie sich einfach bei der Hand. Auch Umgebung und Mondphase spielen dabei eine Rolle: In einem dichten Wald ist es unheimlicher als auf einer offenen Obstbaumwiese, bei Neu- oder Halbmond gruseliger als in einer Vollmondnacht.

Diese Vögel können Sie nachts hören:

❭ **In Siedlungsnähe,** Wald und Kulturraum: Eulen, Nachtigall, Sprosser, Ziegenmelker, Kuckuck (nur abends), Teichhuhn, Rebhuhn, Eulenästlinge

❭ **In Feuchtgebieten:** Doppelschnepfe (bis späte Abenddämmerung), Zwergschnepfe, Flussregenpfeifer, Wachtelkönig, Kleines Sumpfhuhn, Tüpfelsumpfhuhn, Wasserralle, Rohrdommel, Zwergdommel

Idee 15: Erleben Sie bewusst die Stille, schärfen Sie Ihren Gehörsinn. Wenn es dunkel ist, nehmen Sie die Geräusche anders wahr, deutlicher, näher, vielfältiger. Da das Augenlicht immer weniger wichtig, immer weniger verlässlich ist, erfahren Sie in der Nacht auch eine Verunsicherung: Sie müssen sich einlassen auf das, was ist, Kontrolle abgeben. Schwierig, aber eine Wohltat, denn Vertrauen kann nun wachsen, in Sie selbst, in die Menschen, in die Natur. Genießen Sie es auch, sich selbst einmal in einer Umgebung und in einer Situation zu erleben, die anders ist als Ihr Alltag im Tageslicht. Efahren Sie, dass alle Sinne wichtig sind zum Verständnis der Welt.

Idee 16: EXPERIMENT ZUM HÖRSINN

Schauen Sie sich eine Filmszene mit mehreren Personen an und achten Sie dabei auf die Geräusche. Nun wiederholen Sie diese Szene, schließen dabei aber die Augen: Ist Ihnen etwas aufgefallen? Schauen Sie sich dann die Szene zum dritten Mal an. Was hören Sie?

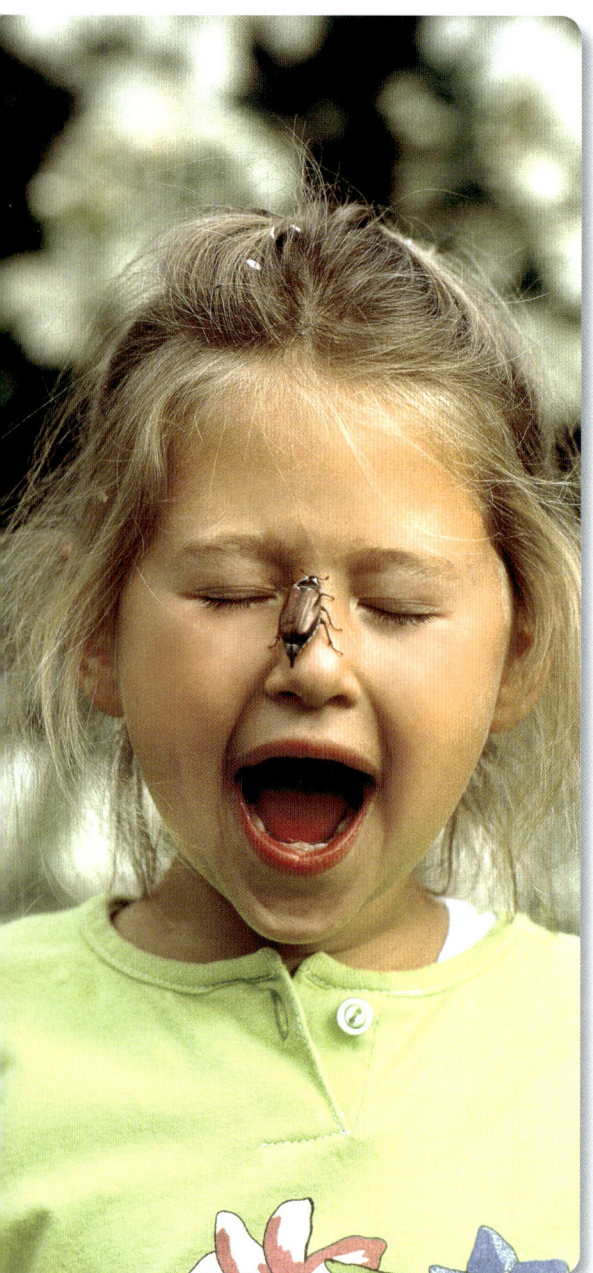

Ist da ein Maikäfer ist auf der Nase gelandet? Der krabbelt gehörig und kann vor allem dann einen ordentlichen Schreck einjagen, wenn man ihn nicht gleich erkennt.

NATUR ERLEBEN IM FRÜHLING

Die Nacht beginnt und endet mit dem herrlichen Gesang der Vögel – das auffallendste und schönste Highlight im Frühling. Am Abendhimmel erscheinen noch die markanten Sternbilder des Winters wie Orion, Stier, Fuhrmann. Doch bald schon gehen sie unter und machen Platz für das einprägsame Sternbild Löwe. Auch auf dem Erdboden gehört die Frühlingsnacht den Tieren: Grasfrosch, Erdkröten und die andere Lurche eilen nun zu nahen Gewässern, um nach der Paarung abzulaichen – ein einzigartiges Spektakel, das Sie erleben müssen!

MAIKÄFER FLIEG ...

Maikäfer fliegen von April bis in den Juni hinein in lichten Wäldern (Waldmaikäfer), an Waldrändern und in Obstgärten (Feldmaikäfer). Da die Käfer drei bis vier Jahre als Engerling (Larve) Wurzeln fressend im Erdreich verbringen, gibt es – wenn überhaupt – alle drei bis vier Jahre Massen dieser etwas ungeschickt fliegenden Käfer. Maikäfer sind selten geworden, und Massenvorkommen noch seltener. Sollte es aber tatsächlich einmal vorkommen, dass Abertausende von Käfern in Ihrer Umgebung sind – dann ist das unbedingt ein Ziel eines Nachtausflugs: **Idee 17:** Deutlich hören Sie das feine Knistern von Tausenden von Mundwerkzeugen, wenn Maikäfer Eichen-, Buchen- und Obstbaumblätter fressen.

ES RASCHELT IM LAUB

Igel tauchen erst im Lauf des Aprils aus ihrem Winterschlafquartier auf, Siebenschläfer gar erst im Mai. Vorher können Sie diese putzigen Tiere nicht beobachten. Mäuse hingegen rascheln im braunen Laub des vorigen Herbstes. In manchen Jahren hören Sie die Mäuse unentwegt, in anderen kaum. Auch Mäuse unterliegen periodischen Bestandsschwankungen, die weitreichende Auswirkungen auf die

Tierwelt haben. Für Rotfuchs, Mäusebussard, Schlei-ereule, Waldkauz und andere Tiere sind sie die Hauptnahrung und so tun Mäusejahre auch diesen Tieren gut. Die nachtaktive Waldmaus kann sogar hervorragend klettern – wenn es im Geäst von Büschen und Sträuchern raschelt, war das vielleicht auch eine Maus.

UNSER ABENDSTINKER

Auch das Pflanzenreich hat in einer Frühlingsnacht etwas zu bieten. **Idee 18:** Entdecken Sie am Wegesrand in krautreichen Laub- und Auenwäldern die tütenförmigen Hüllblätter des Aronstabs, so halten Sie einmal Ihre Hand an den keulenartigen Kolben. Er heizt sich nur am Abend auf bis zu 40 °C auf und verströmt einen unangenehmen Duft nach Urin. Kleine Schmetterlingsmücken zieht das an, die in den kesselförmigen Boden des Hüllblattes rutschen und dort die weiblichen Blüten am Kolbenende bestäuben. Dann werden die Mücken noch mit dem Pollen eingepudert – danach erst dürfen sie wieder ins Freie. Freilich um in die nächste Aronstabblüten-Kesselfalle zu gelangen.

Idee 19: ERLEBNIS FRÜHLINGSNACHT

90 Minuten vor Sonnenaufgang einen Friedhof besuchen und dem Vogelgesang lauschen; von März bis Mai mindestens einmal pro Woche wiederholen und die sich ändernde Klangkulisse von Stunde zu Stunde und Woche zu Woche wahrnehmen.

Idee 20: Nehmen Sie ein paar Knicklichter auf die Frühlingsnacht-Tour mit und suchen Sie einen lauschigen Platz draußen auf, an einem Gewässer oder auf einer schönen Bank mit Aussicht. Platzieren Sie die leuchtenden Lichter in den Ästen rund um Ihren Sitzplatz und genießen Sie die Stimmung. Natürlich nehmen Sie die Knicklichter wieder mit nach Hause, wenn Sie den Platz verlassen.

Raffinierte Kesselfalle: Das Hochblatt des Aronstabs bildet einen Trichter, in dem die bestäubenden Mücken so lang gefangen gehalten werden, bis sie ihren Job erledigt haben.

KRÖTEN AUF TOUR

Idee 21: Nun sind sie wieder unterwegs – die ältesten landlebenden Wirbeltiere der Erde. Spüren Sie mit der Taschenlampe an milden regnerischen Abenden Erdkröten, Grasfrösche und Co. auf.
Ab 4 °C verlassen sie ihre schützenden Winterquartiere und wandern zum Laichen zu den Gewässern, in denen sie einst aus dem Ei geschlüpft sind. Das Frostschutzmittel Glykol im Blut hilft, dass die Lurche bei tiefen Temperaturen nicht einfrieren.

Haben Sie gewusst,
dass die Amphibien die ersten landlebenden Wirbeltiere waren? Ihre Vorfahren haben im Devon von vor über 400 Millionen Jahren das Wasser verlassen und das Land erobert. Demnach gebührt den Nachfahren – den Kröten, Fröschen, Salamandern und Molchen – gehörig Respekt.

Achtsam wird der feuchte Frosch in sein Medium entlassen, wo es ihn alljährlich im Frühjahr zur Fortpflanzung hinzieht.

Grasfrösche haben es am eiligsten. Bereits im Februar können Sie diese braunen Frösche in stehenden oder langsam fließenden Gewässern beobachten, wo sie sich paaren und ihre Eier ablegen. Wenn dann im März die etwa gleich großen Erdkröten am Weiher eintreffen, sind die Grasfrösche oft nicht mehr da: Sie sind schon wieder unterwegs in die Wälder, Gärten, feuchten Wiesen und Äcker, wo sie den Sommer verbringen. Nur die bis zu kürbisgroßen Laichballen mit bis zu 4000 Eiern zeugen von ihrem kurzen Aufenthalt.
Die Nummer 2 am Weiher, vornehmlich in Wäldern und Waldnähe, ist die Erdkröte. Die Männchen reisen am liebsten bequem: Schon auf der bis zu 3 km langen Wanderung schwingen sich die glücklichsten unter ihnen auf den Rücken eines der viel größeren Weibchen – und ab geht's im Huckepack. Das hat für die Männchen den Vorteil, dass sie schon bei der Ankunft im Gewässer in bester Position auf »ihrem« Weibchen sitzen und sich nicht um eines balgen müssen. Männchen gibt es nämlich deutlich in der Überzahl, wie Sie beim täglichen Besuch des Weihers herausfinden.
Da der Fortpflanzungstrieb so groß ist, umklammern Männchen alles Weiche und Formbare, was ihnen in den Weg kommt – auch andere Männchen, tote Fische, faulende oder im Wasser treibende Pflanzenreste oder Ihre Hand, wenn Sie diese ins Wasser halten. Manchmal stürzen sich bis zu 15 Männchen auf ein Weibchen und bilden dann ein regelrechtes Paarungsknäuel – solch eine Attacke endet für manches Weibchen sogar tödlich. Nach der Paarung und Eiablage (bis zu 8000 Eier in langen Laichschnüren) verschwinden auch diese Kröten im Wald – bis zum nächsten Jahr.
Es lohnt sich, nun regelmäßig den Weiher zu besuchen: Nach wenigen Wochen (temperaturbedingt) schlüpfen dann die Kaulquappen.

WEITERE FRÜHLINGSSÄNGER

Wie Kirchengeläut klingen die Rufe des »Glocken-
froschs« (S. 29). Ab Mai rufen auch die Gelb- und
Rotbauchunken melodisch »uh-uh-uh« bei Dunkel-
heit. Sie legen ihre Eier in kleinen, pflanzenreichen
Waldtümpeln und Gräben ab. Lautlos ziehen die
Molche in die Gewässer.

Idee 22: AMPHIBIEN-LOTSE SEIN

Erdkröten hüpfen nicht, sondern watscheln. Sie
brauchen 20 Minuten, um eine Straße zu überqueren. Im Licht von Autoscheinwerfern (oder beim
Anstrahlen mit einer Taschenlampe) nehmen Erdkröten gern eine regungslose Schreckstellung ein.
Das erhöht dummerweise das Risiko, dass sie über-
fahren werden. Damit dies nicht geschieht, stellen
Naturschützer kniehohe Krötenschutzzäune aus
Plastik an den betreffenden Straßenrändern auf
und transportieren die Tiere in den bereitgestell-
ten Eimern abends und frühmorgens über die
Straße. Das dürfen Sie sich nicht entgehen lassen,
denn dabei erleben Sie diese wunderbaren Amphibien hautnah! Informieren Sie sich beim örtlichen Naturschutzverband oder im Internet unter
www.amphibienschutz.de, wo und wann Sie
dabei zusehen können.

*Erdkröten watscheln langsam daher. Darum brauchen sie 20 Minuten, um eine Straße zu überqueren. Welch ein
langer Zeitraum das ist, erfahren Sie mit einer Stoppuhr: Zählen Sie doch einmal, wie viele Autos an einer Straße
im Krötengebiet in 20 Minuten vorbeifahren. Ahnen Sie nun das große Risiko?*

GRASFROSCH

5–11 cm lang sind die kräftigen braunen Grasfrösche, *Rana temporaria*, die viel stärker ans Landleben angepasst sind als etwa die grünen Froschverwandten im Gartenteich. Nur zur Paarungszeit (Februar bis April) tauchen sie zeitig im Jahr am Gewässer (Teich, Fahrspurrinne, Schmelzwassertümpel, Moorschlenke, Gräben, Pfützen, Verlandungsbereiche von Seen) auf. **Idee 23:** Achten Sie dann einmal auf die leisen, knurrenden Rufe der Männchen aus dem Wasser.

Das restliche Jahr verbringen die braunen Frösche in bis zu 10 km entfernten Gärten und Wäldern, auf feuchten Wiesen und Feldern. Im Sommer bevorzugen Grasfrösche die Nähe von Bachufern oder Teichrändern, wo Sie sie – mit etwas Glück – bei der nächtlichen Jagd auf Insekten und Spinnen entdecken können. Überwinterung an Land und im Wasser: Wenn Sie einen Lurch unter der Eisdecke entdecken, dann können sie sicher sein, dass es ein Grasfrosch ist.

ERDKRÖTE

In Wäldern, aber auch auf Wiesen und Feldern sowie in Weinbergen, Steinbrüchen, Kiesgruben, Gärten und Parks leben die bis zu 12 cm großen Erdkröten. Die Männchen dieser häufigsten und größten heimischen Krötenart *Bufo bufo* sind deutlich kleiner.

Erdkröten sind nur in der Dämmerung und bei Nacht aktiv, und nur zur Eiablage besuchen sie im zeitigen Frühjahr die angestammten Laichgewässer, wo Sie nun ganz viele entdecken können. Danach ziehen Erdkröten als Einzelgänger auf Nahrungssuche (Insekten, Spinnen, Würmer, auch Nacktschnecken) umher. Tagsüber verstecken sich Erdkröten allerdings in Erdspalten und ähnlichen Orten. Den Winter verbringen sie in Kältestarre an frostgeschützten Plätzen.

Bei Gefahr blähen sich Erdkröten auf und scheiden giftige Substanzen aus Haut und Ohrdrüsen ab. Darum gilt: Nach dem Anfassen die Hände gründlich waschen!

GEMEINE GEBURTSHELFERKRÖTE

Sonnige Steinbrüche, pflanzenarmes Brachland, Kies- und Sandgruben im westlichen Deutschland und in der Schweiz sind der Lebensraum der nur 4–5,5 cm großen Geburtshelferkröte, *Alytes obstetricans*. Seinen deutschen Namen verdankt dieser Scheibenzüngler dem Verhalten der Männchen: Nach der Paarung an Land (!) wickeln sie sich die gallertigen Eischnüre mit bis zu 80 Eiern um die Fersengelenke. Nach drei bis sechs Wochen setzen die Männchen die schlupfbereiten Kaulquappen in einem Gewässer ab. Im Wasser erreichen die Larven Längen von bis zu 10 cm, bevor sie sich zu ausgewachsenen Tieren entwickeln. In kühlen Sommern schaffen sie das nicht; dann verbringen sie den Winter als Larven im Wasser.

Idee 24: Und noch einmal zum Hinhören bei Dämmerung bis Mitternacht von Ende März bis August: Paarungsrufe der Männchen, die aus der Nähe wie Funksignale, von fern wie Kirchengeläut klingen (alter Name: »Glockenfrosch«).

GELBBAUCHUNKE

Erst ab Mitte April verlassen die 3–5,5 cm großen Gelbbauchunken, *Bombina variegata,* ihre geschützten Winterverstecke im gewässernahen Boden. Dann begeben sich die wärmeliebenden Unken in ein nahes kleineres, flaches, pflanzenarmes Gewässer (Gräben, Fahrspuren, Tümpel, Wildsuhlen), das in Waldnähe oder menschengeschaffenen Gebieten (Steinbruch, Truppenübungsplatz) liegt.

Idee 25: Von Mai bis August können Sie dort im Sekundentakt die dumpfen und leisen, aber weittragenden Rufe des Männchens hören, das dabei an der Wasseroberfläche mit weit gespreizten Beinen ruht. Achten Sie auf die Wellenbewegungen, die das rufende Tier verraten. Doch Vorsicht – nimmt es die geringste Bedrohung wahr, taucht das Männchen ab.

Übrigens: Im östlichen Europa kommt die ähnliche Rotbauchunke vor, deren Bauch orangerot-schwarz gezeichnet ist.

SCHAURIG SCHALLT ES DURCH DIE NACHT

Die letzten Vogelstimmen des abendlichen Vogel-konzerts verstummen so langsam. Doch da ruft es schaurig »hu huhu« – und noch einmal »huhu«. Un-heimlich die Rufe, die vom Winter bis in den Som-mer hinein im Dunkeln durch die Nacht tönen. Es ist das Waldkauz-Männchen. Manchmal antwortet ein Weibchen »kju-wick«, schärfer, höher. Schon mal gehört? Aber sicher!

Der Waldkauz (Foto oben) ist unsere häufigste Eule – ihr Erfolgsrezept: Sie ist bei der Wahl von Brutplatz und Nahrung nicht wählerisch. Darum können Sie ihre Rufe nachts nicht nur in Wäldern, sondern auch auf Friedhöfen, in Parks und Gärten mit altem Baumbestand hören. Im sel-ben Lebensraum treffen Sie auch die kleinere, aber weniger häufige Waldohreule mit den typischen Fe-derohren an, die dem Waldkauz fehlen.

Große Augen, die in der Dämme-rung bis zu zehnmal besser sehen

- Habichtskauz, bis zu 60 cm lang: kleine Population im Nationalpark Bayerischer Wald; heult tief »wuhu wuhu owuhu«, gefährlich in Nestnähe
- Raufußkauz, bis zu 27 cm lang: in älteren Nadelwäldern der Alpen und Mittelgebirge; Männchen pfeift anschwellend »bu-bu-bu-bu…«, Weibchen antwortet »tschjäck« wie ein Eichhörnchen
- Sperlingskauz, bis zu 19 cm lang, die kleinste Eule Europas: in höheren Lagen des Berglands mit lockeren Nadelwäldern; gimpelähnliche Pfeiftöne »pjü üüü pjü üüü«
- Steinkauz, bis zu 28 cm lang: in offener Wiesenlandschaft, Streuobstflächen und naturnahen Dorfrändern; ruft scharf »kuwitt« (S. 81)
- Sumpfohreule, bis zu 40 cm lang: in Mooren, Heiden, Dünengebieten, auch morgens und abends aktiv; ruft tief gedämpft »bu-bu-bu-bu…«, knattert mit den Flügeln
- Zwergohreule, bis zu 21 cm lang: im Mittelmeerraum häufig, kleine Population in Süddeutschland, Österreich und Schweiz; pfeift tief »dju«
- Schleiereule und Uhu finden Sie auf Seite 32.

als wir Menschen, zehnmal empfindlichere Ohren und vollkommen lautloser Flug machen die Eulen zu Meistern bei der nächtlichen Jagd. Rund zehn Arten brüten bei uns, von denen nur die Sumpfohreule mehr oder weniger tagaktiv ist – wie viele kennen Sie? Und welche haben Sie schon gehört? Eine Eule bei Nacht auch zu sehen, ist Glückssache. Nun müssen Sie nur noch die Lebensräume der Eulen aufsuchen und für Ihre Hörerkundungen Nächte mit trockenem, windstillem Wetter abpassen.

EULEN – JÄGER DER NACHT

Eulen verraten sich durch ihre Rufe. **Idee 26:** Achten Sie bei Ihrer nächsten Nachtwanderung darauf. Vielleicht können Sie eine der folgenden Arten identifizieren.

WER IST DENN DAS? ZIEGENMELKER …

… (Foto links), von antiken römischen und griechischen Schriftstellern fälschlicherweise des Melkens von Ziegen beschuldigt, sind eigenartige Vertreter unserer Vogelwelt. In trockenen, warmen, möglichst windarmen Nächten ertönt in Heide- und Dünengebieten oder lichten Kiefernwäldern (gern Kahlschlag) minutenlang sein markantes Schnurren, dazwischen »ku-ik«-Rufe. Wenn Sie zusätzlich Flügelknallen hören und weiße Flecken in der Luft entdecken, die plötzlich aufleuchten, dann sind Sie Zeuge eines balzenden Männchens bei seinen Imponierflügen. Tagsüber ist der Ziegenmelker verschwunden, sein Gefieder tarnt ihn perfekt – und im August startet er zu seinem Langstreckenflug gen Süden.

SCHLEIEREULE

Mäuse sind die Hauptbeute der bis zu 35 cm langen Schleiereulen, *Tyto alba*, die in ungestörten Dachstühlen, Kirchtürmen, Scheunen oder Trafohäuschen brüten und auf den um die Siedlungen liegenden Feldern und Wiesen jagen. In mäusestarken Jahren ziehen sie sogar zweimal bis zu je zwölf Junge heran, in mäusearmen Jahren verzichten sie auf die Brut. Schleiereulen nehmen auch spezielle Nistkästen an. Mit ihren unterschiedlich hoch am Kopf sitzenden Ohröffnungen können sie ihre Beute genau orten und zielsicher packen. Da Schleiereulen kaum Fettreserven ansetzen können, müssen sie kontinuierlich jagen. Viele verhungern, wenn in schneereichen Wintern Mäuse unerreichbar sind.

Rufe: ziemlich lautes, lang gezogenes »chrüüh« in Brutplatznähe und im Flug (Männchen), Weibchen und Junge am Brutplatz betteln laut mit deutlichen Schnarchtönen während der ganzen Nacht

UHU

Im Lebensraum des recht anspruchslosen Uhus *Bubo bubo*, der größten Eule der Erde, muss es genügend Ratten, Feldhasen, Igel, Wasservögel, Graureiher, Elstern und Krähen plus nischenreiche Felsen als Brutplatz geben. Fast ausgestorben, hat sich der Uhubestand dank Aufklärungsarbeiten, Wiederansiedlungs- und Überwachungsprojekten in den letzten 40 Jahren erholt, und Uhus sind in allen zusagenden Lebensräumen wieder heimisch. Die Chancen, einen Uhu zu hören, stehen also gut! Wie die meisten Eulen jagt auch der Uhu bei Dunkelheit, sein Gehör ist dabei der wichtigste Sinn. Die langen Federohren aber sind nur Federn, mit denen die Vögel ihre Stimmung zeigen. Bis zu 73 cm lang, Flügelspannweite stolze 170 cm! Kein Wunder, dass das Flugbild eines Uhus an das eines Seeadlers erinnert.

Rufe: gedämpft »buho«, aber weit hörbar

WALDKAUZ

Der bis zu 41 cm lange Waldkauz, *Strix aluco,* brütet in großen Baumhöhlen, aber auch auf Dachböden oder in Krähennestern. Schon vor dem Flüggewerden verlassen die hell gefiederten Jungen das Nest und werden noch viele Wochen lang von den Eltern gefüttert. Wenn Sie einen solchen Ästling sehen, sollten Sie ihn dort belassen. Er wird immer noch versorgt. Falls er auf dem Boden sitzt, können Sie ihn zum Schutz vor Füchsen auf den nächsten Ast setzen. Der Waldkauz jagt nachts Mäuse und kleine Vögel. Tagsüber ruht er gern auf einem Ast. Das laute, warnende Gezeter der Eichelhäher, Amseln oder Buchfinken stört ihn nicht.

Rufe: Schon im Winter hören Sie die typischen »huu-hu«-Rufe des Männchens, mit denen sich die Paare finden. Das Weibchen antwortet scharf »kjuwick«. Warnruf schnell »wick-wick-wick…«, Bettelruf der Ästlinge »kszik« (laut, kurz ausgestoßen)

WALDOHREULE

Die recht weitverbreitete, bis zu 37 cm lange Waldohreule, *Asio otus,* brütet meist in verlassenen Elstern- und Krähen-, seltener in leer stehenden Greifvögel- oder Eichhörnchennestern. Verstehen Sie nun, warum Krähen und Elstern so wichtig für unsere Natur sind? Nachts erbeutet diese Eule vor allem Wühlmäuse auf Wiesen und Feldern. Im Winter versammeln sich bis zu 40 Eulen an festen Sammelschlafplätzen in Bäumen, die teilweise über 100 Jahre bestehen. Eulen würgen die unverdaulichen Reste ihrer Beute als Gewölle aus. Diese (bis zu 8 cm lang, bis zu 3,5 cm dick) finden Sie häufig unter dem Baum, in dem die Eule tagsüber zu ruhen pflegt. Halten Sie Ausschau danach!

Rufe: ab Winter gedämpfte »uh«-Rufe und klatschende Flügelschläge der balzenden Männchen, in Mai-, Juni- und Julinächten die lauten »piii-e«-Pfiffe hungriger Jungen

AUF DER LICHTUNG

Dunkel war's, der Mond schien helle … Mitten im düsteren Nacht- und Dämmerungswald öffnet sich eine Lichtung. Heiter fällt das Mondlicht auf die Kräuter und Büsche, die Blätter rascheln im leichten Nachtwind. Manchmal hüllt Nebel die Lichtung ein, lässt den Blick im Nirgendwo enden, und Nebelschwaden verbreiten eine unheimliche Stimmung, bei der es sich nur schwerlich entspannen lässt. Nirgendwo im Wald können Sie von Nacht zu Nacht, von Morgendämmerung zu Morgendämmerung so unterschiedliche Szenerien erleben wie auf einer Lichtung. Ein Muss für Ihre nächste Nachtwanderung!

Baumfreie Flächen im Wald sind wichtig. Dort wachsen Bäume und Pflanzen, die mehr Licht brauchen als auf baumbestandenen Waldflächen, und locken Insekten, Spinnen und Wild an, die dort reichlich Nahrung finden. Aus diesem Grund versammeln sich auf Lichtungen – so wie auf den waldangrenzenden Wiesen und Feldern – in der Dämmerung und Nacht Wildschweine, Rehe und Hirsche (wo es sie gibt) zum Fressen.

Idee 27: Wollen Sie diese Tier auch einmal beobachten, begeben Sie sich etwa eine Stunde vor Sonnenunter- oder -aufgang zu einer Lichtung. Nehmen Sie im Schutz von Gebüsch (in manchen Gebieten Zeckengefahr beachten!) und fern von einem Hochsitz Platz (an einen Baumstamm angelehnt, auf einem mitgebrachten Klapphöckerchen, unter einem tar-

nenden bodenlangen Regencape in gedeckten Farben) und seien Sie nun ganz still, kein Gespräch,
keine Bewegung. Geduld haben heißt es nun!
Wenn bis eine Stunde nach Sonnenuntergang oder
bis kurz nach Sonnenaufgang kein Wild vorbeige-
kommen ist, können Sie Ihre Beobachtungssitzung
beenden. Vielleicht haben Sie ja in der kommenden
Nacht mehr Glück. So oder so: Ein Erlebnis nehmen
Sie mit nach Hause.

Idee 28: Heute Abend gibt es ein Nachterlebnis
der besonderen Art. Suchen Sie sich einen schönen
Platz auf einer Bank aus und bleiben Sie dort medi-
tierend regungslos dasitzen. Lassen Sie sich überraschen von dem eintreffenden Wild, öffnen Sie Ihre
Ohren und lauschen Sie den Stimmen des Waldes.
Lassen Sie sich ein auf die Tiere, die Bäume und
versuchen Sie Teil dieser Lebensgemeinschaft zu
werden.

∞ Vom Umgang mit Hochsitzen

**❯ An Lichtungen oder waldangrenzenden
Wiesen** stehen häufig mehr oder weniger ho-
he hölzerne An- oder Hochsitze. Sie dienen der
Jagd; der Jäger findet darin Schutz vor Kälte
und Nässe und wird nicht von Rot- oder
Schwarzwild entdeckt. Jäger suchen aber einen
Hochsitz nicht nur auf, wenn sie auf der Jagd
sind. Viel häufiger beobachten sie von dort aus
die Tiere des Waldes: Wie viele Frischlinge gab
es bei den Wildschweinen? Wie gesund sind
die Rehe? Damit sie dies tun können, muss der
Hochsitz unauffällig sein – auch tagsüber. Die
Tiere merken rasch, wenn sich dort viele Menschen aufhalten, Lärm und Unruhe herrschen
und meiden die Umgebung. Darum sollten Sie
Hochsitzen fernbleiben. Steht ein Hochsitz direkt am Weg, ignorieren Sie ihn und gehen Sie
einfach daran vorbei: Die Waldtiere kennen
auch die Waldwege sehr gut und wissen, dass
dort Menschen laufen. Im Hochsitz wohnen
auch manche Tiere, Siebenschläfer etwa oder
Hornissen.

NÄCHTLICHE KINDERSTUBE

Im Frühjahr beginnt nicht nur in Nestern, Horsten und Baumhöhlen der Kindersegen, auch bei Wildschwein, Fuchs und Co. kommen nun die Jungen zur Welt. Unter den heimischen Säugetieren sind nur die Igel »Spätzünder«, deren Geburten sich bis in den September hinein erstrecken.

Zur Geburt suchen die Mütter verborgene Plätze auf: Wildschweinbachen bauen dazu ein großes Bodennest, Fuchs- und Dachsweibchen ziehen sich in ihre unterirdischen Baue, Rehe und Hirsche ins deckende Unterholz zurück. **Idee 29:** Möchten Sie einmal bei einer Geburt dabei sein? Dann fragen Sie in einem Wildgehege, besser noch in einem Bauernhof nach. Wenn die Jungen ein paar Wochen alt sind, verlassen sie mit der Mutter den geschützten Geburtsort – so können Sie vor ihrem Bau spielende Fuchsjungen oder eine Gruppe Frischlinge mit Mamas und Tanten beobachten.

NACHWUCHS BEI FAMILIE FUCHS

Vier Wochen lang bleiben die vier bis sechs Fuchsjungen nur im Bau – und wenn Sie dann eines Nachts ihren ersten Ausflug ins Freie machen, haben sie schon untereinander in heftigen Rangeleien eine Rangordnung hergestellt und kennen den Geschmack von Fleisch. Während ihr dunkelgraues bis

Die lebhaften Fuchsjungen sind vier bis fünf Wochen alt – das erkennen Sie am Fell, das schon rötlich wird. Neugierig sind sie und erkunden bei ihren nächtlichen Spielrunden vorm mütterlichen Bau alles, was nicht niet- und nagelfest ist.

Wann kommen die Tierkinder zur Welt?

- ☽ **Baummarder:** April
- ☽ **Dachs:** Januar/Februar
- ☽ **Eichhörnchen:** März/April und Mai bis August
- ☽ **Reh:** Mai/Juni
- ☽ **Rotfuchs:** März/April
- ☽ **Rothirsch:** Mai/Juni
- ☽ **Wildschwein:** März/April

-braunes Babyfell erst sandfarben, dann fuchsrötlich wird, lernen sie die Umgebung um ihren Bau, später etwa auf einem nahen Getreidefeld kennen, Düfte unterscheiden und erbeuten Käfer, Regenwürmer und Grashüpfer. Da die Jungen nicht mehr gesäugt werden, bringen ihnen die Eltern lebende Beute zum Üben. Dazu rufen die Eltern kurz hintereinander leise »waff waff«. Schon mal gehört? Lautes Keckern verrät Ihnen dann, dass sich die Jungen nun um das Futter streiten – freilich sichert sich der Ranghöchste die besten Stücke. Ein helles, lang gezogenes »Waauu« warnt die Jungen vor Gefahr – dieser Ruf ist wohl der lauteste Ruf unserer Füchse. Das Spiel der Jungen verläuft vollkommen lautlos, ähnlich wie bei spielenden Hunden.

Idee 30: Erkundigen Sie sich beim örtlichen Förster oder Jäger, ob er Ihnen den Standort einer Fuchsfamilie verrät.

WILDSCHWEINE, ABER ACHTUNG!

Von den scheuen und vorsichtigen Wildschweinen finden Sie meist nur die Spuren, umgewühlte Wegränder, Wiesen und Felder. Tagsüber ruhen sie im dichten Gestrüpp, erst bei Einbruch der Dunkelheit werden sie munter. Nur in Gegenden, in denen sie sich absolut sicher fühlen, kommen sie auch bei Tag aus ihrer Deckung. Im Frühjahr baut die Mutter ein Nest in einer Erdmulde (etwa dort, wo ein Baum umgefallen ist) oder im Gestrüpp, in dem sie ihre bis zu acht Jungen zur Welt bringt. Die gestreiften Frischlinge sind rasch fit und unternehmen nach etwa einer Woche die ersten Ausflüge in die Umgebung. Besuchen Sie doch mal ein Wildgehege. Im Frühjahr kann man dort häufig Frischlinge sehen. Ohne schützenden Gehegezaun gilt: Von Wildschweinen und besonders von den putzigen Jungen müssen Sie sich fern halten: Die Mutter – oder die betreuende Tante – fühlt sich in dieser Zeit rasch bedroht und greift dann sofort aggressiv und heftig an! Bei Gewichten von 100 und mehr Kilogramm und hohen Geschwindigkeiten ist das kein Spaß. Das Lautrepertoire von Wildschweinen: Blaffen, Blasen, Grunzen, Quieken, Schnauben und Schreien.

Noch im adretten Streifenkleid begleiten die kleinen Frischlinge ihre Mutter oder Tante auf Schritt und Tritt. Flink sind sie und so richtig verspielt.

ROTHIRSCH

Der Rothirsch, *Cervus elaphus,* kommt bei uns nur in ausgedehnten Laub- und Mischwäldern mit Lichtungen vor, in denen er auch im Winter genügend Nahrung findet. In Wildgehegen hingegen wird der größte Hirsch Europas häufig gehalten: Dort können Sie dieses stattliche Tier (bis zu 1,4 m hoch, bis zu 220 kg schwer) auch tagsüber beobachten, meist beim Wiederkäuen – und bald mit Jungen.
Stattlich ist auch das vielästige, mehrere Kilogramm schwere Stangengeweih der Männchen – im Frühjahr sind allerdings auch die Männchen geweihlos. Nun wächst es neu heran. **Idee 31:** Das ist ein guter Grund für den Besuch eines Wildparks. Jetzt ist das Geweih noch mit einer weichen Basthaut bedeckt, die die Hirsche im Lauf der kommenden Monate an Baumstämmen abschubbern. Zur Paarungszeit im Herbst stehen sie wieder in voller Pracht da, wenn mit Röhren und Geweihhakeln der stärkste Hirsch – kurzzeitiger Chef eines Weibchenrudels – gekürt wird.

REH

Nein, nein – das Reh, *Capreolus capreolus,* ist nicht die Frau vom Hirsch! Wie Rotfuchs und Wildschwein ist es eine eigene Tierart. Obwohl Rehe als Waldtiere gelten, leben sie auch in Feld- und Wiesenlandschaften – sofern es dort ausreichend schützende Gehölzinseln gibt. **Idee 32:** Rehe können Sie oft in der Abend- und Morgendämmerung beobachten, wenn sie auf Wiesen äsen – im Winter in großen, von Frühjahr bis Herbst in kleinen Rudeln oder einzeln. Nun kommen auch die völlig geruchlosen Kitze mit dem hübschen Tupfenfell zur Welt, die versteckt zwischen hohen Pflanzen auf die äsende Mutter warten. Zwei bis drei Monate lang werden die Jungen gesäugt, danach besitzen sie ein ähnliches Fell wie die Mutter. Die Rehböcke tragen ein kleines Geweih, das jährlich gewechselt wird. Nahrung: Kräuter, Gräser, Pilze, Blätter.
Diese Laute machen Sie auf Rehe aufmerksam: kurzes hundeähnliches Bellen (Schreckruf) und Fiepen (auch Junge).

WILDSCHWEIN

Wo Wildschweine, *Sus scrofa*, in der Nacht den Boden mit ihren robusten Rüsseln auf der Suche nach Wurzeln, Knollen und Bodentieren durchwühlt haben, sieht es aus, als ob ein Bulldozer gearbeitet hätte: Die Furchen der geruchsempfindlichen Wildschweinnasen sind deutlich sichtbar. In Frankreich und Italien finden sie olfaktorisch die kostbaren Trüffelpilze. Die bis zu 1,7 m langen Keiler (bis zu 200 kg schwer) leben als Einzelgänger, die kleineren Weibchen (Bachen) mit ihren Jungen zusammen in Rotten. Wildschweine sind kräftige Tiere: Aus dem Stand können sie problemlos über einen 1 m hohen Zaun springen und selbst auf längeren Strecken 50 Stundenkilometer schnell laufen.

Idee 33: An schlammigen Stellen, an denen sie sich gern suhlen, können Sie die typischen Abdrücke ihrer Hufe entdecken. Schauen Sie auch nach Baumstämmen in der Nähe des Schlammbads, dessen Rinde in etwa 60-90 cm Höhe abgescheuert ist: Das waren Wildschweine bei der Fellpflege.

ROTFUCHS

Füchse sind enorm anpassungsfähig – darum gehören sie zu den erfolgreichsten heimischen Tieren, deren Bestand trotz heftiger Verfolgung durch den Menschen immer noch zunimmt. Kaum eine Region zwischen Alpen und Wattenmeer, in der der Rotfuchs, *Vulpes vulpes,* nicht vorkommt. Nachts können Sie ihm sogar mitten in der Großstadt begegnen, wo er sich von Abfällen ernährt und in Schächten oder auf Friedhöfen wohnt. Sein Erfolg liegt auch daran, dass der Fuchs sein Revier ganz genau kennt. Die meiste Zeit verbringt er damit, durch sein Revier zu laufen und alles, was geschieht, zu beobachten. Sein Revier markiert er mit Kot, gern auf erhöhten Stellen – finden Sie die typische Kotwurst auf einem Baumstumpf oder Stein, dann war das der Fuchs. Nahrung: hauptsächlich Mäuse, aber auch Vögel, Insekten, Aas, Obst, Samen. Füchse lieben Kirschen und so finden sie im Sommer dort, wo noch Kirschbäume stehen, ihre dunklen Kothaufen mit unzähligen Kirschkernen.

IN DEN FRÜHEN MORGENSTUNDEN

Idee 34: Heute ist ein guter Tag, um etwas zu tun, was Sie vielleicht noch nie gemacht haben: Stehen Sie vor Sonnenaufgang auf und begeben Sie sich raus aus Haus und Wohnung. Im noch nachtdunklen Draußen erleben Sie Ihre Straße, die nähere Umgebung und die umgebende Natur so, wie Sie sie sicherlich noch nicht erlebt haben. Ihnen begeg-

> **Haben Sie gewusst,**
> dass Graureiher ihr Nest nicht am Gewässerufer, sondern in den höchsten Wipfeln der Bäume bauen?

nen der Zeitungsausträger und Menschen auf dem Weg zur Frühschicht im Krankenhaus und in der Industrie. Eine Katze kreuzt Ihren Weg, hält inne und schaut, wohin Sie gehen, oder verschwindet um die Ecke. Erstaunlich, wie viele Autos auf den verbindenden Land- und Bundesstraßen jetzt schon unterwegs sind. Doch Ihr Weg geht weiter, in die Feld- und Wiesenlandschaft, in Park und Wald, zu Tümpel und See, die Ihr Zuhause umgeben. So nah ist der nächste Ort Natur.

Neben den nach und nach erwachenden Vögeln, für die nun Hochsaison ist, begegnen Ihnen die Nachttiere auf dem Nachhauseweg. Ein Dachs erscheint – wer sich wohl mehr erschrocken hat, er oder Sie? Er trottet zügig zu seiner ausladenden

Tierporträt Dachs

❯ Mit seinem kräftigen Körperbau und Gewicht bis 17 kg ist er der größte und schwerste Marder Europas. Dachse leben bei uns in fast allen Wäldern, wo sie nachts auf Suche nach Reptilien, Eiern, Insekten, Würmern und Früchten gehen. Obwohl stets einzeln unterwegs, wohnt der Dachs mit seinen Familienangehörigen in einem weitläufigen unterirdischen Bau, der in mehreren Stockwerken bis zu 5 m tief ins Erdreich reicht. Mehrere Ein- und Ausgänge führen hinein, bis zu 30 m lange Gänge verbinden Wohn-, Vorrats- und Schlafkammern miteinander. Dachse sind reinlich: Sie haben eine Toilette außerhalb des Baus – und mögen es gar nicht, wenn der »Dreckspatz« Fuchs in Teile der riesigen Dachsburg einzieht. **Idee 35:** Fragen Sie den Förster nach einem Dachsbau in Ihrer Nähe.

Burg zurück. Auch Stein- und Baummarder sind wie Dachse reine Nachttiere, die Sie nicht bei Tageslicht entdecken können. Dann ruhen diese Tiere in ihrem Versteck – der Baummarder etwa in einem großen Vogelnest oder Eichhörnchenkobel, auch mal auf einem Ast, der Steinmarder auf Dachboden und Scheune.

Da! Ein Graureiher steht regungslos am Gewässerufer – er ist, wie viele Enten und Gänse, an keine Tageszeiten gebunden und jagt munter Fische, Frösche, Mäuse und Würmer, wenn das Bäuchlein gefüllt werden will. Wenn er auffliegt, erkennen Sie, dass er dabei seinen Hals s-förmig anlegt – das unterscheidet ihn auf den ersten Blick von einem etwa gleich großen fliegenden Weißstorch, der seinen Hals kerzengerade nach vorn streckt.

Idee 36: EIN BISSCHEN GYMNASTIK ZUM WACHWERDEN

▌ Nutzen Sie Ihren morgendlichen Spaziergang für ein paar gymnastische Übungen, die Ihrem Körper guttun. Nun ist die Luft noch feucht und frisch – eine Wohltat für Ihre Lungen!

▌ Recken und strecken Sie sich, biegen Sie den Rücken in alle Richtungen, lockern Sie die Schultern, hangeln Sie mit Ihren gestreckten Armen im Wechsel nach oben und greifen Sie nach hoch hängenden (imaginären) Äpfeln.

▌ Lassen Sie Ihre Arme locker pendeln, erst vor und zurück, dann mit drehenden Rumpfbewegungen. Dieses Schlenkern der Arme vor Ihrem Körper verbindet Ihre beiden Hirnhälften miteinander – auch schlenkernde Beine im Sitzen tun das. Erinnern Sie sich noch an Zeiten, als man Kinder dazu anhielt, stets ruhig zu sitzen? Die Zeiten sind vorbei, denn mit den Extremitäten pendeln und schlenkern tut gut und macht Ihr Gehirn leistungsfähiger, spielerischer.

▌ Bringen Sie den Kreislauf durch Hüpfen oder den Hampelmann in Schwung.

▌ Wenn der Körper dann warm ist und die Muskeln beweglich sind, kommen schwierigere Übungen dran: Rad schlagen oder ein Purzelbaum auf einer Wiese, an einem steilen Hang auch einmal bergauf – mit dem Kopf nach unten liegend spüren Sie die Steilheit des Geländes erst richtig deutlich.

Bewegung macht Jung und Alt fröhlich, frisch und frei, denn in einem agilen Körper lebt die Seele noch mal so gern.

MORGENS RAUS ZUM VOGELKONZERT!

Idee 37: Früh aufstehen lohnt sich! Wenn Sie ein bis zwei Stunden vor der Morgendämmerung das warme Bett gegen kuschelige Kleidung tauschen, erwartet Sie vor der Tür ein Naturerlebnis der Sonderklasse: Nach und nach setzen die Vögel mit ihren Gesängen ein, verzaubern Garten, Wald und Feld mit Arien und Duetten, bis das ganze Vogelorchester ein vielstimmiges, abwechslungsreiches Morgenkonzert vom Feinsten gibt. Spüren Sie, wie Ihr Herz aufgeht bei so viel akustischer Schönheit?

Für die Vögel beginnen mit dem singenden Markieren der Brutreviere und Anlocken von Partnern die härtesten Monate des Jahres. Nun haben unsere gefiederten Freunde unentwegt etwas zu tun. Ihre Nacht endet mit Singen. Bei Tageslicht gibt es kaum Zeit, denn das Nest will gebaut, die Eier wollen bebrütet und schließlich die immer hungrigen Jungen gefüttert werden. Erst wenn im Sommer die Jungen flügge sind, möglicherweise sogar eine zweite Brut beendet und das Gefieder gewechselt ist, können die Vögel es ruhiger angehen lassen – und morgens ausschlafen.

Mit dem Fernglas lassen sich die meist scheuen Vögel gut beobachten. Wichtig: Bleiben Sie mehrere Meter fern von den Nestern.

Die Vogeluhr: So früh singen diese Vögel

(Durchschnittswerte, Abweichungen regional und witterungsbedingt möglich)

- ☽ **90 Minuten vor Sonnenaufgang:** Feldlerche, Hausrotschwanz, Gartenrotschwanz
- ☽ **60 Minuten vor Sonnenaufgang:** Amsel, Kuckuck, Rotkehlchen, Singdrossel
- ☽ **45 Minuten vor Sonnenaufgang:** Goldammer, Kohlmeise, Mönchsgrasmücke, Zaunkönig
- ☽ **30 Minuten vor Sonnenaufgang:** Blaumeise, Buchfink, Gartenbaumläufer, Heckenbraunelle, Kleiber, Zilpzalp
- ☽ **15 Minuten vor Sonnenaufgang:** Haussperling, Grünfink, Star
- ☽ **Bei Sonnenaufgang:** Bachstelze, Stieglitz

Idee 38: Notieren Sie, wann die Vögel in Ihrer Umgebung anfangen zu singen. So erstellen Sie sich eine ganz persönliche Vogeluhr.

Idee 39: Trotz großer Verzückung ob des herrlichen Gesangs sollten Sie das Beobachten nicht vergessen: Denn nun finden auch Partnersuche und Balz und damit einhergehend mitunter heftige Kämpfe unter Rivalen statt: Da verteidigt ein Amselmännchen sein Revier mit Luftkämpfen, Mittelspechte zetern wie Greifvögel in den höchsten, noch kahlen Baumkronen und Krähen attackieren in luftigen Höhen einen sich dem Neststandort nähernden Mäusebussard. Spannend – und was haben Sie heute Morgen beobachtet?

Idee 40: VOGELSTIMMEN LERNEN

Möchten Sie sich nicht nur an den singenden Vögeln erfreuen, sondern sogar wissen, wer da singt, sollten Sie mit den frühmorgendlichen Exkursionen im ausgehenden Winter beginnen. Dann singen nur die Vogelarten, die das ganze Jahr über bei uns leben, und Sie können sich leicht einige Arten (Kohlmeise, Blaumeise, Amsel und andere, S. 44/45) einprägen. Von März bis Mai kommen dann nach und nach alle Zugvögel zurück, und das morgendliche Vogelkonzert wird von Tag zu Tag vielstimmiger. In vogelreichen Gegenden ist es nun viel schwieriger, einzelne Vogelstimmen herauszuhören. Nun macht sich eine gute Grundlage an Stimmenkenntnis bezahlt: Wenn Sie schon einige Vogelstimmen kennen, müssen Sie »nur« die neu hinzugekommenen lernen.

VOGELSTIMMEN LERNEN LEICHT GEMACHT

Ein gutes akustisches Gedächtnis haben nicht alle Menschen. Darum helfen beim Vogelstimmenlernen entweder die Tipps von Vogelkundlern bei einer Vogelstimmenexkursion (wird von örtlichen Naturschutzverbänden oder der VHS angeboten) oder Sie brauchen optische Hilfen: Versuchen Sie – mit dem Fernglas, sehr hilfreich – einen singenden Vogel zu entdecken. Nun können Sie die Art bestimmen – und sich die Vogelstimme dann leichter merken. Zu hören gibt es sie auf www.vogelstimmen.de oder einer Vogelstimmen-App.

> **Haben Sie gewusst,**
> dass der Buntspecht, weil er nicht singen, wohl aber scharf »tix-tix« rufen kann, mit lautem Trommeln auf sich aufmerksam macht?

Im Wechsel mit dem Reviernachbarn trägt der Buchfink seine Gesangsstrophen vor, die so ähnlich klingen wie »'s gibt gibt gibt bald würzig' Bier«.

KOHLMEISE

Die größte und häufigste Meise bei uns. Die Kohlmeise, *Parus major,* kommt fast überall vor, wo Laubbäume stehen – in Städten, Gärten und Wäldern. Etwas schwerer als die kleinere, deutlich blaugelbe Blaumeise sucht die Kohlmeise an dickeren Ästen der Bäume und Sträucher nach Insekten und Spinnen. Im Winter ernährt sie sich auch von Samen (Bucheckern) und Nüssen, nimmt am Futterhaus Meisenknödel und Erdnüsse an. Sie brütet meist zweimal im Jahr mit je bis zu 12 Jungen in Baumhöhlen und Nistkästen (Flugloch 32 mm). Die Jungen werden mit Blattläusen und Raupen gefüttert, auch den bei Gärtnern unbeliebten Raupen der Frostspanner.

Gesang: rhythmisch wiederholte, metallisch gefärbte Strophen »zizidäh zizidäh« oder »tidl tidl tidl«, auch »titü titü titü« oder »dide dide dide«, Alarmruf »zerretetetetet«

AMSEL, SCHWARZDROSSEL

Die Amsel, *Turdus merula,* hat sich in den letzten 150 Jahren vom scheuen Waldvogel zum typischen Gartenvogel gewandelt, der dank ausreichender Nahrung, Nistplätze und Wärme bis zu viermal im Jahr brütet. Nur das Weibchen brütet und kümmert sich um den Nachwuchs. Gebietsweise fielen 2011 und 2012 zahlreiche Amseln einem Virus zum Opfer. Auf dem Rasen finden Amseln Regenwürmer, in Beeten Schnecken und Früchte, im Herbst und Winter Vogel- und andere Beeren (auch gefroren). Die schwarzen Männchen mit dem gelben Augenring singen besonders morgens, abends und nach Regenschauern von einem hohen Platz aus (Baumspitze, Dachfirst, Antenne) ihre wehmütigen Lieder.

Gesang: klangvoll, feierlich flötend mit unreinem Strophenende, bei Erregung »duk duk duk« oder »dukdukduk…«, bei Bedrohung oder in der Abenddämmerung scharf »tix tix tix«

ROTKEHLCHEN

Das Rotkehlchen, *Erithacus rubecula,* dessen Brust, Gesicht und Kehle rotorange gefärbt sind, hält sich meist in Bodennähe auf, wo es Insekten, Würmer und Schnecken erbeutet und sein napfförmiges Nest baut. Nur zum Singen können Sie es auf Ästen und anderen erhöhten Plätzen beobachten, auch nachts im Schein einer Straßenlampe. Am stimmungsvollsten klingt sein Gesang in den Abend- und frühen Nachtstunden – es singt auch nachts, im Winter etwa. Wegen seiner oftmals rundlichen Gestalt und großen Augen wirkt das zutrauliche Rotkehlchen (das vertrauten Menschen bei der Gartenarbeit sehr nah kommt) niedlich – gegenüber Artgenossen verhält es sich jedoch überaus aggressiv und zänkisch.

Gesang: lieblich, silbern perlend, abwechslungsreich, schwermütig aus hohen und höchsten Tönen, Alarmruf schnell gereiht »zickzickzick«

ZAUNKÖNIG

Der drittkleinste Vogel Europas, nur 8–9 g schwer! Sein schmetternder Gesang aus dichtem Gebüsch oder von einer erhöhten Stelle ist für so einen kleinen Vogel ungewöhnlich laut, auch im Winter zu hören. Der sehr lebhafte Zaunkönig, *Troglodytes troglodytes,* huscht bei der Nahrungssuche (kleine Insekten, Spinnen und Weberknechte) wie eine Maus am Boden und durchs Gebüsch, knickst dabei häufig mit hochgestelltem Schwanz. Schon im zeitigen Frühjahr werden die bodennahen kugeligen Moosnester mit seitlichem Eingang gebaut – und während sich das Weibchen um die Brut kümmert, gründet das Männchen oft schon eine zweite Familie. Das ist bei hohen Verlusten in kalten Wintern auch nötig! Auffällig ist der geradlinige, schnurrende Flug dicht über dem Boden.

Gesang: sehr laut, schmetternd mit hart rollenden Trillern, Warnruf kräftig »tscherrr – tscherrr«

STAR

Während der Brutzeit sieht der Star, *Sturnus vulga-ris,* so ähnlich wie eine Amsel (allerdings ohne gel-ben Augenring) aus, unterscheidet sich von ihr aber durch sein Verhalten: Fr brütet in Nistkästen und Spechthöhlen und schreitet, oft mit Artgenossen, bei der Suche nach Insekten und deren Larven eilig voran. Er frisst gern Früchte, auf Weintrauben steht er ganz besonders. Da der Star kein großes Revier beansprucht, nisten Paare häufig dicht beisammen. Im Spätsommer zieht er zum Schutz vor Greifvögeln in großen Trupps umher, auch in Großstädten. Dann ist das schwarz schillernde Gefieder weiß getupft (»Perlstar«). In den Gesang mischt er täuschend echt andere Vogelstimmen sowie Töne von Handys, Rasenmähern oder Autoalarmanlagen.

Gesang: wie ein Bauchredner schwätzend mit na-salem »spreeen« und pfeifenden und knackenden Tönen, schlägt dazu mit den Flügeln

MÖNCHSGRASMÜCKE

Die Mönchsgrasmücke, *Sylvia atricapilla,* ist einer unserer häufigsten Brutvögel und auch in Stadtzent-ren (Friedhöfe) anzutreffen. Sie lebt recht versteckt im Geäst der Bäume und Sträucher, fällt oft erst durch ihren markanten, zwitschernden Gesang auf. Weibchen erkennen Sie an der braunen, Männchen an der schwarzen Kopfkappe. Die locker aus Stän-geln und Pflanzenfasern geflochtenen Nester hän-gen wie henkellose Körbchen in den Zweigen. Mit dem feinen Schnabel sammeln die Vögel Insekten und Spinnen, fressen aber auch gerne saftige Früch-te wie Holunderbeeren. Viele Mönchsgrasmücken ziehen im Herbst nicht mehr ans Mittelmeer, son-dern nach England, wo Vögel im Winter eifrig gefüt-tert werden, oder bleiben sogar bei uns.

Gesang: leise, weiche gezogene Flötentöne mit lautem Schlussteil (so ähnlich wie »hiidlüdlüdlüd lüdlüdlüd«), warnt hart »teck teck«

NACHTIGALL

In Parks, Gärten, auf Friedhöfen mit Büschen singt in den Abendstunden, gelegentlich auch morgens die Nachtigall, *Luscinia megarhynchos*. Unscheinbar braun gefärbt trägt sie aus dichtem Gebüsch ihren lauten, auffallenden Gesang vor: Selbst leichter Nieselregen stört diese begnadete Diva nicht. Ein Genuss! So auffallend der Gesang, so unscheinbar der Vogel. Die scheue Nachtigall lebt sehr versteckt im dichten Gebüsch und zeigt sich nur ganz selten einmal frei. Bei der Suche nach Nahrung am Boden stelzt sie gern ihren Schwanz. Ihr Nest versteckt sie bodennah in der Pflanzendecke. Und kaum hat man sich an ihr schönes Lied zum Abend gewöhnt, ist sie auch schon wieder weg: Die Nachtigall ist nur von April bis September bei uns.

Gesang: klagende, schluchzende Flötentöne »jü güh güh güh«, kombiniert mit hart schlagenden Lauten und »watititit«-Passagen

HAUSROTSCHWANZ

Für den ursprünglich nur in Felsregionen vorkommenden Hausrotschwanz, *Phoenicurus ochruros,* sind die steinernen Fassaden der Gebäude in unseren Städten hervorragende Ersatzlebensräume. Darum lebt er heute in jeder Siedlung. Er kehrt im April aus den mediterranen Wintergebieten zu uns zurück und besetzt sofort ein Brutrevier (Balkenvorsprünge und Mauernischen, in die er sein Nest baut), das er von frühmorgens bis spätabends mit krächzendem Gesang markiert, auch von Hausdächern aus. Von erhöhten Stellen aus geht er auf Jagd nach Insekten und Spinnen, liest auch im Rüttelflug Beutetiere von Wänden und Pflanzen ab. Häufig zittert und knickst er mit seinem langen Schwanz.

Gesang: schrill quietschende, knirschende und kratzig klingende Strophen wie »hitititit kchrchrchr hiitititit«, kein Flöten

JUCHHE, SOMMERZEIT – OJE!

Jedes Jahr am letzten Wochenende im März ist es wieder so weit: Der Zeiger der Uhr springt von zwei auf drei Uhr. Mit einem banalen Griff wird die Uhr um eine Stunde vorgestellt – und abends ist es von einem Tag zum anderen länger hell. Wie schön, abends eine Stunde mehr Zeit für einen kleinen Erlebnisspaziergang draußen oder eine Runde mit dem Fahrrad zu haben. Doch zumindest in den ersten Tagen nach der Zeitumstellung zahlen wir die Rechnung, denn nun heißt es eben auch eine Stunde früher aufstehen.

Das, was Ihnen schon schwerfällt, ist für viele Nachttiere fatal. Rehe, Wildschweine, Füchse, Dachse und all die anderen Nachtgenossen waren es gewohnt, dass morgens um 5 Uhr, wenn es noch dunkel war, auf den Straßen Ruhe herrschte und sie gemütlich zurück in ihre Baue und Verstecke trotten konnten. Doch mit einem Schlag ist um diese Zeit schon heftiger Berufsverkehr. Leider mit oft tödlichen Folgen für die Tiere, die nun eben nicht mehr sicher die Straßen überqueren können. Die steigende Zahl der im Straßenverkehr getöteten Tiere bei Beginn der Sommerzeit zeigt es.

Idee 41: Doch für Sie als Nachterforscher ergibt sich in diesen ersten Tagen nach der Zeitumstellung eine schöne Möglichkeit: Achten Sie auf die Nachttiere rechts und links der Wege, auf denen Sie in den ersten Tagen nach der Zeitumstellung so zeitig unterwegs sein müssen. Welches Lebewesen sehen Sie?

Auch die Tiere gewöhnen sich an den neuen Rhythmus und stellen ihre inneren Uhren auf die veränderten Bedingungen um – und nach ein, zwei Wochen haben sie sich dem neuen menschlichen Aktivitätsrhythmus angepasst.

⌦ Warum fällt uns die Umstellung auf die Sommerzeit besonders schwer?

Das liegt daran, dass ein Tag auf der inneren Uhr des Menschen 25 Stunden lang ist. Jeden Tag passt sich der Mensch durch den Sonnenaufgang und Sonnenuntergang und die Uhr an den 24 Stunden langen Tag der Erde an. Darum ist jeder Tag in Bezug zur inneren Uhr des Menschen eigentlich um eine Stunde zu kurz. Wenn Ende März die Uhr auf die Sommerzeit umgestellt wird, ist dieser Umstellungstag nicht 24 Stunden, sondern nur 23 Stunden lang – und wir Menschen müssen unseren Rhythmus nicht nur eine, sondern sogar zwei Stunden gegenüber der Erdenzeit verkürzen. Das fällt uns nicht so leicht, ebenso wie uns das Anpassen an die Ortszeiten bei Reisen gen Osten (wenn unser Tag kürzer wird) schwerer fällt als bei Reisen in westliche Richtungen (wenn unser Tag länger wird). Thema Jetlag.

Die Umstellung von Sommer- auf Winterzeit Ende Oktober hingegen fällt uns superleicht: Dieser Umstellungstag hat nämlich 25 Stunden – und ist damit genauso lang wie auf unserer inneren Uhr.

Auch Tiere haben eine solche innere Uhr, bei der arttypisch der Tag kürzer oder länger als 24 Stunden ist. Wenn Sie sich jetzt fragen, wieso es die Evolution in Abermillionen Jahren nicht geschafft hat, dass die inneren Uhren der Lebewesen exakt 24 Stunden lang sind wie eben die Tageslänge auf der Erde, gibt es dafür mindestens zwei Antworten: 1. Nicht immer war der Erdentag 24 Stunden lang (vor 4 Milliarden Jahren etwa war eine Erdentag 6–7, nach anderer Expertenmeinung 14 Stunden lang). 2. Es ist ein Vorteil, wenn sich ein Lebewesen tagtäglich an die äußeren Bedingungen anpassen muss: Es bleibt agiler und fördert in sich die Fähigkeit, sich an die sich laufend ändernden Lebensbedingungen anzupassen. Denn schon Darwin wusste: Nichts ist so beständig wie der Wandel.

Sommernächte

Es ist Sommer, die Töne und Geräusche des Tages verstummen mit dem zunehmenden Dunkel, die Nacht wird still und lau. Nach besonders heißen Tagen wird es nun so richtig angenehm, wenn die sanfte Kühle der Nacht aufkommt. Andere Sommernächte sind geprägt von Schwüle und dicht stehender Luft, die den langsamen Gang des Tages auch bei Dunkelheit bestehen lassen: Sommernächte sind vielfältig, gefüllt mit süßen Düften und Leben, mit Nachtfaltern, Glühwürmchen, Fledermäusen, Eulen. Das dürfen Sie nicht verpassen.

ERLEBNIS SOMMERNACHT

Sommernächte riechen süß und reif – und sind am kürzesten. Sommernächte gehören nach heißen Tagen aber auch zu den am meisten herbeigesehnten im Jahreslauf. Die Sommersonnenwende um den 24. Juni herum bringt uns neben der kürzesten Nacht, die nur von 23 bis 3.30 Uhr (Sommerzeit) dauert, auch einen schönen Brauch: die Johannisnacht.

Idee 42: JOHANNISNACHT

Früher ehrten die Menschen die Sonne am längsten Tag des Jahres mit einem Fest. Auch heute brennen in der Johannisnacht an vielen Orten wieder große, manchmal gar haushohe Johannisfeuer, dazu gibt es Fackelläufe, Gegrilltes und Getränke. Ein Erlebnis! Erkundigen Sie sich bei der örtlichen Feuerwehr oder im Rathaus. Der Name Johannisnacht erinnert an die Geburt von Johannes dem Täufers (auch das Johanniskraut, eine nun blühende Heilpflanze, trägt diesen Heiligen in seinem Namen).

NATUR ERLEBEN IM SOMMER ...

... macht Freude, denn im Monat August gibt es bei uns die meisten Tiere im Jahreslauf. Am augen-, nein ohrfälligsten: Abends und morgens wird es langsam still, denn bei den Vögeln endet so langsam die Brutzeit. Luft holen heißt das, Energie tanken und mausern. Nun finden Sie die meisten Vogelfedern, weil die Vögel ihr Gefieder wechseln, überlebenswichtig ist das für unsere Gefiederten. Genießen Sie also die letzten Vogelgesänge, vielleicht den wehmütigen einer Nachtigall, als Abschied von den grandiosen Vogelkonzerten dieses Jahres.

Idee 43: Lauschen Sie in Spätsommernächten auch mal in den Himmel: Feine »Zipp«-Rufe stam-

Leuchte, kleiner Käfer!

❭ **Grenzt ein Wald an die Wiese** oder ist sie ausreichend feucht, sollten Sie sich im Juni und Juli ein bis zwei Stunden nach Sonnenuntergang auf ganz besondere Gäste einstellen: Glühwürmchen. Früher so häufig, dass sie sogar zu Hunderten gefangen als Lichtquelle dienten, sind sie heute selten geworden. Glühwürmchen sind keine Würmer, sondern Leuchtkäfer. Bei uns gibt es sogar mehrere Arten, am häufigsten – wenn man das überhaupt sagen kann – sind der Kleine und der Große Leuchtkäfer. Die fliegenden Tiere sind Männchen, die Weibchen sitzen als leuchtende Punkte in niedrigem Kraut und Gras. Sogar die Larven und Eier können leuchten!

Idee 44: Vorsichtig anfassen: Schauen Sie doch einmal genau nach, wo die Leuchtorgane sitzen und wie die Käfer aussehen, auch im Licht einer Taschenlampe. Die geflügelten Käfer sind die Männchen, die larvenähnlichen flügellosen Tiere die Weibchen. Und wohlbehalten wieder frei lassen!

❭ **Erstaunlich,** wie kalt die Tiere trotz kräftigen Leuchtens sind! Das liegt daran, dass sich in den Leuchtorganen kein Glühfaden befindet, sondern die zwei Substanzen Luciferin und Luciferase. Wenn sie miteinander reagieren, wird fast die gesamte Energie als Strahlung freigesetzt – Chapeau! Das hat noch kein Techniker geschafft!

men von durchziehenden Drosseln. Zum Sommerabend gehören vielerorts auch die Stechmücken. Lästig können Sie werden und zum munteren Zählen der rötlichen, manchmal anschwellenden Stich-stellen einladen. Im Dunkeln finden die Weibchen, die zum Eierlegen eine Blutmahlzeit benötigen, un-seren Körper durch dessen Geruch (sie lieben Schweiß und stinkende Socken – viel duschen!), in der Abenddämmerung auch durch dunkle Farben (darum besser helle, geschlossene Kleidung anzie-hen).

Auch die unbeholfen fliegenden maikäferähnlichen Juni- und Julikäfer – ja, von Mai bis Juli hat jeder Monat seinen eigenen Blatthornkäfer, der aber von Monat zu Monat immer kleiner wird – sind wach am Sommerabend. Und weil die Dunkelheit Käfern zu gefallen scheint, sind nun auch noch die Hirsch-käfer (Europas größte Käfer), Leuchtkäfer (Glüh-würmchen), Ohrwürmer und viele Laufkäferarten unterwegs. **Idee 45:** Das wäre doch mal ein Ta-schenlampen-Abenteuer: Wer findet bei Nacht die meisten Käfer, die wach sind? Dabei gehen Sie na-türlich sorgsam mit jedem Käferwesen um, das ist klar!

Und wo viele schmackhafte Insekten sind, ist auch der Igel nicht weit. Sie hören ihn schon von Weitem, die stachelige »Tier-Lokomotive«. Feldhamster, bei uns rar geworden, sind nun auch aktiv – auf dem Wiener Zentralfriedhof etwa hat sich eine schöne Population angesiedelt, ein Bonbon für die dortigen Nachtspazierabenteuergänger. Und wenn es im Wald bellt – dann war das mit hoher Wahrschein-lichkeit kein Hund, sondern ein Reh: Nun ist Paa-rungszeit bei unserer kleinsten Hirschart.

Idee 46: DIE BESTEN PLÄTZE ZUM VÖGELBEOBACHTEN

Vögel sind am einfachsten in Park und Garten, rund ums Haus oder an Stadtteichen zu beobachten, denn dort sind sie an Menschen gewöhnt und nicht so scheu. Auch der Friedhof ist ein hervorragender Beobachtungsort: Friedhöfe sind Naturoasen mitten in unseren Siedlungen, dort leben sehr viele Vogel-arten in unmittelbarer Nähe zu uns. Besonders im Mai und Juni lohnt sich eine Entdeckungstour auf dem Friedhof in den frühen Morgenstunden!

Ein magisches Sommernachterlebnis in buschreichen Gärten und Wiesen: ausfliegende Glühwürmchenmännchen; die Weibchen sitzen flügellos im Gras. Glühwürmchen können ihr fahlgrünes Licht ein- und ausschalten.

Mit Einbruch der Dunkelheit verlässt der Igel sein Tagesversteck und begibt sich lärmend auf Nahrungssuche. Bei der Paarung wird's noch lauter. Manche hielten Igelpärchen schon für Einbrecher.

HOLTERDIEPOLTER

Einbrecher! Es poltert im Haus, so laut, dass Sie erschreckt hochfahren. Doch bevor Sie beginnen, sich Sorgen zu machen, hören Sie einmal genau hin, woher der Lärm kommt. Sicherlich ist es »nur« ein Steinmarder oder Siebenschläfer. Anders als die schnell und leise tippelnden Schrittchen mit abrupten Stopps der doch recht ruhigen Mäuse (die es natürlich auch bei Ihnen auf dem Dachboden, im Keller oder Schuppen geben kann) verraten diese beiden Poltergeister ihre Anwesenheit erstaunlich lautstark.

Doppelt spannend: Von einem geheimen Ausguck aus die magisch dunkle Nacht erkunden ist Abenteuer pur.

IST ES EIN STEINMARDER …

Eine nächtliche Exkursion (oder eine bei Tageslicht) an den Ort des Lärms verrät Ihnen den Ruhestörer. Halten Sie Ausschau nach Spuren, die ganz sicher nicht von Ihnen stammen: Kotwürstchen etwa (1–2 cm dick, bis zu 10 cm lang, ein Ende zu einer Spitze ausgezogen wegen der enthaltenen Haare) oder Abdrücke der Pfoten, die Sie vielleicht auch schon von den Scheiben Ihres Autos kennen. Werden Sie fündig, dann haben Sie Glück (andere meinen: Pech) und ein katzengroßer Steinmarder hat Ihr Haus zu einem seiner zahlreichen Verstecke auserkoren. Sie ahnen schon, er wird nicht immer da sein.

Mit nächtlichem Lärm können Sie vor allem zwischen April und September rechnen, wenn zunächst die Jungen im neugierigen Spiel alles erkunden, was nicht niet- und nagelfest ist. Ab August finden dann die heftigen Paarungsspiele von Männchen und Weibchen statt, die mitunter ziemlich laut sind. Lärm mögen die anspruchslosen Steinmarder, die buchstäblich alles fressen (auch Kaugummi), aber nicht: Sollte er Ihnen trotz Toleranz und guten Willens als Mitbewohner so gar nicht sympathisch werden, lassen Sie kurz vor Sonnenaufgang ein Radio laut in der Nähe seines Verstecks laufen – das vertreibt ihn.

… ODER EIN SIEBENSCHLÄFER?

Auch Siebenschläfer und die nah verwandten Gartenschläger poltern, rascheln, trampeln, fiepen, knurren, hüsteln nachts, manchmal auch im Haus. Weil die Eichhörnchen ähnlichen »Schlafmäuse« oder Bilche (wie die Familie heißt) sieben bis acht Monate Winterschlaf halten (in Baumhöhlen, auch Nistkästen), machen sie erst ab Mai die Nacht zum Tag. Die putzigen Tierchen, eigentlich Laubwaldbewohner, sind verspielt und munter, klettern fast senkrechte Wände empor und machen dabei natürlich ordentlich Lärm. **Idee 47:** Das nehmen wir als Einladung für eine nächtliche Tour nach draußen, wo wir dem Spiel der Tiere zusehen. Erinnern Sie sich an Ihre Kindheit? So hat sie sich doch angefühlt …

Idee 48: Auch Haselmäuse gehören in die Siebenschläfer-Verwandtschaft. Ihnen kommen Sie an sonnigen Waldrändern auf die Spur, wenn Sie Haselnüsse mit einem kreisrunden Loch finden. Das ist das Werk von Haselmäusen.

Bruder Marder

Der sehr ähnliche Baummarder ist genauso strikt nachtaktiv wie der Steinmarder. Dennoch begegnen sich diese beiden Genossen niemals: Während der Steinmarder in menschlichen Siedlungen lebt und dort den Erdboden unsicher macht, bewohnt der scheue, aber kletterfreudige Baummarder als größter Eichhörnchenfeind die Baumkronen unserer Wälder.

Fast eichhörnchengroß, aber nachts aktiv sind unsere putzigen Siebenschläfer, die trotz sympathischer Kulleraugen schon manchen Menschen um den Schlaf gebracht haben. Im Herbst verschwinden sie für sieben Monate im Winterschlafnest.

In einer dicht begrünten Fassade fühlen sich viele Insekten und Spinnen wohl, die sich dann auch gern in beleuchtete Räume verirren – und von Ihnen wohlwollend wieder in die Freiheit entlassen werden sollten.

LICHT AN … »VIECHER« REIN

Das kennen Sie bestimmt: Nach einem heißen Sommertag bringt die Nacht endlich die ersehnte Kühle, auch in die überhitzten Räume Ihrer Wohnung. Wie herrlich! Die Fenster sind sperrangelweit geöffnet, sanft weht kühle Luft ins Zimmer. Doch es kommt der Moment, da soll es auch hell sein: Das Licht geht an und … Nachtfalter, »Motten«, Mücken, Schnaken und andere Fluginsekten tauchen am hell beleuchteten Fenster auf, magisch angezogen vom Licht. Das führt sie in immer enger werdenden Krei-

sen oftmals direkt zur Lichtquelle, wo sie in der Hitze der Glühbirne verglühen. Trauriges Schicksal. Weil wir die Insekten vor dem Hitzetod bewahren wollen, schließen Sie die Fenster, bevor Sie das Licht anknipsen, oder machen Sie es nach kürzester Zeit wieder aus. Im Dunkeln können die Insekten dann wieder ihrer Wege fliegen.

Idee 49: Führen Sie ein Nachttagebuch über die kleinen und großen Gäste, die in diesem Sommer Ihre Wohnung besucht haben. Wer will, macht noch Fotos oder kleine Zeichnungen von ihnen. Das sind die Kandidaten, die nachts in Ihr beleuchtetes Zimmer geraten können:

▌ Käfer wie z. B. Marien- oder Feuerkäfer, letzterer mit leuchtend roten Flügeldecken.

▌ Kohl- und Riesenschnaken: sehr lange Beine, langer Hinterleib, zwei Flügel – sorgen gern für Panik im nächtlichen Zimmer, sind aber völlig harmlos; können weder stechen noch beißen.

▌ Stechmücken: Ja, auch sie! Leider. Mehr Infos auf Seite 51–52.

▌ Nachtfalter wie Brauner Bär, Brennnesselzünsler (häufig), Eichenspinner (werden auch tagsüber in Bodennähe sitzend gefunden), Erpelschwanz, Großes oder Wiener Nachtpfauenauge, Hausmutter, Weißer Tigerbär, Weißes Ordensband und, und, und. Um die Arten zu bestimmen, sollten Sie einen guten Schmetterling-Naturführer zu Hause haben

▌ Fledermäuse: Ja, auch sie.

Idee 50: ANGELOCKT VOM LICHT

Straßenlaternen, Gebäudebeleuchtungen und andere Außenlampen locken mit ihrem Licht unzählige Insekten an und sind daher auch Anziehungsorte für Zwergfledermäuse. Dort warten tolle Beobachtungsmomente auf Sie: um Straßenlampen jagende Zwergfledermäuse und viele verschiedene fliegende Nachtinsekten von kleinen Mücken bis zu großen Nachtfaltern, die am günstigsten an niedrig installierten Lampen (etwa an einer Hauswand) zu sichten sind. Je pflanzenreicher, umso mehr unterschiedliche Arten treffen Sie an. Günstig sind warme, mondlose und windstille Nächte!

WARUM STÜRZEN INSEKTEN IN LICHTQUELLEN?

Man fragt sich ja tatsächlich, warum Insekten das tun. Spüren sie denn nicht die Hitze von Feuer und

Tipp:
Sorgen Sie mit einem leitenden Handtuch, Becher mit Deckel und Ähnlichem dafür, dass die Insekten und Fledermäuse wieder wohlbehalten ins Freie kommen. Es gibt bei uns so wenige von ihnen, da ist jedes einzelne Exemplar kostbar!

Licht lockt Hausmuttern mit den leuchtenden Hinterflügeln besonders gern ins Innere unserer Wohnungen.

Glühbirne? Man nimmt an, dass sich die nachtaktiven Insekten anhand des Mondes (oder heller Sterne) orientieren. Um geradeaus zu fliegen, müssen sie nur einen ganz bestimmten Winkel zu Mond/ Stern einhalten. Bei einer Lampe funktioniert das nicht, denn diese ist ja so viel näher. Hält ein Insekt nämlich stets denselben Winkel zur Lichtquelle ein, fliegt es nicht geradeaus, sondern in einer Kreisbahn um oder sogar in die Lampe. Um das besser zu verstehen, skizzieren Sie es einfach mal auf einem Stück Papier!

AM FEUER

Machen Sie doch mal wieder ein Feuer! Es wärmt Herz und Seele, spendet Licht und weckt tief in uns Erinnerungen an uralte Zeiten. Ganz nebenbei rösten in der Glut in Alufolie eingewickelte Kartoffeln, brutzeln auf einem langen Stock aufgespießte Würstchen, und Stockbrot wird zur knusprigen Delikatesse. Wohltuende Hitze strahlt vom Feuer aus, während hinten auf Ihrem Rücken die Kühle der Nacht spürbar wird. Mit den Kindern und gemeinsamen Freunden am Feuer sitzen, dem Knistern der Flammen zuhören, gemeinsam Lieder singen – viel-

Individuell um den Stock gewickelt, röstet herzhafter Hefeteig zum Stockbrot über der lodernden Glut. Was braucht es mehr zum Glücklichsein …

leicht zu den Klängen einer Gitarre – und spannende Geschichten erzählen. In vielen Farbzungen funkelt das Feuer fast wie ein lebender Organismus, der Besitz ergreift von trockenen Ästchen und Zweigen. Und wenn Sie trockene Kräuter – Lavendel, Salbei – und den Nadelreisig vom letzten Winter ins Feuer geben, steigt ein feiner Duft auf.

Idee 51: Schon beim Einrichten der Feuerstelle und beim Sammeln von Feuerholz stellt sich im gemeinsamen Tun ein wohltuendes Gefühl von Miteinander ein. Damit das Feuer gleich gut brennt, wird es aufgebaut: Ins Zentrum der Feuerstelle kommt das Anzündmaterial, darum herum werden dünne, dann ein paar wenige dicke Ästchen geschichtet. Nun wird das Feuerbett entzündet: Schön ist, wenn sich jeder aus Papier eine Fackel dreht, sie anzündet und dann in das Feuerbett steckt. Wenn das Feuer gut brennt, Feuerholz nachlegen. Wichtig: Es muss locker liegen, damit das Feuer stets genügend Luft (Sauerstoff) bekommt.

Idee 52: STOCKBROT

Wickeln Sie Hefeteig oder den Teig aus einer Brotbackmischung, gern verfeinert mit Kräutern, Schinkenwürfeln oder Zwiebeln, um einen etwas dickeren, entrindeten Zweig (Stock). Für süße Schleckermäuler füllen Sie Marmelade oder Nutella in das zentrale Loch.

Haben Sie gewusst,

dass die ältesten Feuerstellen der Menschheitsgeschichte eine Millionen Jahre alt sind? Doch erst vor 400.000 Jahren haben unsere menschlichen Vorfahren gelernt, wie man Feuer macht, und Feuerstellen gehörten zu jedem Lagerplatz.

Das Feuer-ABC

Anzünden: nur mit Erwachsenen in der Nähe.

Brenngut: nur trockenes Holz (Äste, Zweige, Stämme, Wurzelholz), zum Anzünden auch trockene Zapfen, trockenes Gras oder zerknülltes Papier (zur Not auch mal Kartoffelchips), niemals Plastik oder Müll!

Feuerstelle: am besten auf einer angelegten Feuerstelle oder auf offenem Boden, mit Steinkreis gesichert; immer im offenen Gelände oder in Wassernähe, niemals unter Bäumen, auf fremden privaten Plätzen, mitten im Wald oder in der Nähe von Straßen, Gleisen oder gar Autobahnen.

Holz: Hartes Holz der Laubbäume brennt langsam; weiches Nadelbaumholz (Fichte, Tanne, Kiefer) brennt schneller, qualmt und raucht mehr; Birkenholz brennt auch im frischen Zustand einigermaßen gut.

Im Auge behalten: Ein Feuer muss immer gehütet werden, sonst kann es außer Kontrolle geraten und Mensch, Natur und Tier in Gefahr bringen. Wer möchte »Feuermann« oder »Feuerfrau« sein und das Feuer bewachen?

Löschen: Das ist wichtig, bevor Sie ein Feuer verlassen. Ziehen Sie dazu die Restglut innerhalb des Steinkreises auseinander oder löschen Sie mit Wasser, danach mit Sand oder Erde abdecken.

Pyramidenfeuer: Am besten und qualmfrei brennt ein Feuer, wenn die Äste und Holzscheite wie ein Tipi aufgestellt werden.

Steinkreis: für ein kleines Feuer mindestens 50 bis 60 cm im Durchmesser, für ein großes Feuer mit Meterholz ca. 1,5 m; innerhalb des Steinkreises alles Brennbare (Gräser, trockene Blätter etc.) entfernen.

Umsicht, Vorsicht und Verantwortung lernen Kinder im Umgang mit Feuer.

> **Tipp:**
> Haben Sie keine geeignete Feuerstelle in der Nähe, dann brennt Ihr Feuer in einem schmiedeeisernen Feuerkorb – oder Sie entzünden ein Schwedenfeuer (das ist ein trockenes Stück Baumstamm, das mit der Motorsäge eingeschnitten ist), das wie eine große Fackel brennt.

Magisch zieht ein Lagerfeuer uns Menschen an und weckt vermutlich archaische Gefühle, die tief in uns sitzen: Die Erinnerung an gesellige Runden am Feuer vor Urzeiten.

NACHTS IN DER STADT

In der Stadt mit all ihren vielen Lichtern, Lampen und Ampeln, mit Häuserschluchten und Autoverkehr fühlt sich die Nacht ganz anders an als auf Feld und Wiese, in Wald und Flur. Natürlich wird es auch in der Stadt dunkel, aber Straßenlaternen beleuchten weiterhin die Straßen und Gassen. Dort wird die Nacht spürbar nicht nur durch das Verstummen der Vögel, Heuschrecken und Tagtiere, sondern auch durch das Schließen der Geschäfte und den leiser werdenden Verkehr. Logisch, die Stadt ist ein typischer Lebensraum von Menschen und daher stark von deren Gewohnheiten geprägt.

Doch auch immer mehr Tiere erobern den städtischen Raum – so leben Mauersegler, Stadttauben, Wanderfalken (die auf Tauben stehen), Spatzen (abnehmend wegen fehlender Nahrung, z. B. Pferdeäpfel) und neuerdings Hausrotschwänze (die die Häuserfassaden als Ersatzfelsen entdecken) gern in der Stadt. Diese tagaktiven Vögel verschwinden bei Dunkelheit und machen Platz für die nachtaktiven Stadttiere:

Füchse streifen auf der Suche nach Nahrung (Abfälle) durch die Innenstädte. Wildschweine verlassen die umliegenden Wälder und verwüsten mit ihrem nach Leckereien suchenden Rüssel öffentliche Grünanlagen wie etwa in Berlin. Steinmarder (Foto) nutzen engste Unterschlüpfe in Hausnähe – manchmal auch den Motorraum von Kraftfahrzeugen, in dem

Natürlich sind auch die anderen Nachtbewohner in Städten zu Hause: Waldkauz und Waldohreule, Fledermäuse und und und. An das Mehr an Licht und Lärm während der Dunkelheit haben sie sich längst gewöhnt. Und so bereichern diese Tiere die Lebenswelt in unseren Siedlungen. **Idee 53:** Freuen Sie sich daran und nutzen Sie die Gelegenheiten, wann immer sie sich bieten, die Tiere zu beobachten und sich daran zu erfreuen. So ist das Miteinander von Mensch und Tier für alle ein Gewinn.

Idee 54: BESUCH BEI DEN STUTTGARTER HASEN

Keine Kaninchen sind das, was im Stuttgarter Schlosspark unterwegs ist, denn allzu gern nennen wir unsere verschiedenen Hauskaninchen »Stallhasen«. Dort sind waschechte Hasen zu Hause, die wie auf einer Insel, umgeben von vierspurigen Straßen, mitten in der Innenstadt siedeln: Auf etwa 85 Hektar leben rund 120 Hasen – nur in einem Gebiet am Oberrhein gibt es eine größere Hasendichte in Deutschland. Tagsüber ruhen sie in Bodenmulden, der Sasse. Alle freuen sich – trotz ein paar abgeknabberter Blümchen hier und da – über die Tiere, auch die Stadtgärtner. Feldhasen buddeln schließlich keine Höhlen in den Erdboden – so wie die dämmerungsaktiven Wildkaninchen etwa auf der Insel rund um das Mannheimer Planetarium, die morgens gern ein Sonnenbad nehmen …

sie in den meisten Fällen keine Schäden als »Automarder« anrichten – und ziehen nachts bis zu 8 km weit umher. Waschbären, jawohl! Sie gehören mittlerweile zur heimischen Fauna und verlassen bei Dunkelheit ihr Tagesversteck auf dem Dachboden, im Keller oder in der Scheune. Auch Feldhasen gibt es in vielen Städten – in Stuttgart etwa siedelt im Schlossgarten unweit von Einkaufsstraßen, Landtag und Hauptbahnhof die größte städtische Feldhasenpopulation Europas. Wenn Sie dort Ihren Abendspaziergang machen, dann hoppeln die großen Hasentiere völlig ungeniert über die gemähten Wiesen und nehmen vielleicht sogar Platz neben der Bank, auf der Sie sich ein wenig ausruhen möchten.

NACHTDÜFTE FÜR NACHTFALTER

Den etwa 180 heimischen Tagfalterarten stehen über 3300 Arten von Nachtfaltern gegenüber. Erstaunlich, nicht wahr? Die meisten Schmetterlinge bei uns sind tatsächlich in der Dämmerung und Nacht unterwegs – und bleiben uns so verborgen. Das soll sich ändern, denn nun geht es für Sie auf Nachtfaltertour.

Während sich die Tagfalter von bunten Farben anlocken lassen, stehen Nachtfalter mehr auf Duft.

Idee 55: Schauen Sie sich einmal den Falterkörper genauer an: Die großen Fühler sind bei vielen Arten fein geästelt. Zudem sind Nachtfalter meist unspektakulär in grauen bis braunen Tönen gefärbt – Tarnung und Warnung ist im Dunkel der Nacht weniger nötig. Dafür brauchen sie Schutzmechanismen vor ihren größten Feinden, den Fledermäusen. Ein feines Gehör gehört dazu – manche Arten können so-

gar die ortenden Ultraschalllaute der Fledermäuse wahrnehmen – und passende Verhaltensstrategien, etwa sich wie tot zu Boden fallen zu lassen.

Sie ahnen es schon: Nachtfalter finden Sie dort, wo nachtduftende Blüten stehen. Und das sind eine ganze Latte: Nachtkerzen, Echtes und Wald-Geißblatt, Nachtviolen, Lichtnelken, Türkenbundlilie, Weiße Waldhyazinthe und einjährige Duftlevkojen gehören in Natur und Garten dazu. Diese Nachtblumen öffnen erst im Dunkeln ihre Blüten und verströmen abends, manche auch erst in den frühen Morgenstunden ihren süßen bis schweren Duft. Weiß, violett und rötlich sind die Blütenfarben typischer Nachtfalterblumen wie Nachtkerzen, die häufig auch das für Nachtfalter gut sichtbare kurzwellige ultraviolette Licht reflektieren und daher im Insektenauge wie mit Leuchtfarbe markiert im Dunkel der Nacht aufleuchten. Auch viele Wildrosen, blühende Kräuter im Kräuterbeet (Borretsch, Majoran, Melisse, Minze, Salbei und Schnittlauch), das Echte Seifenkraut und sogar Wegwarten ziehen Nachtfalter an.

Toller Nebeneffekt: Wo viele Nachtfalter sind, finden sich auch bald Fledermäuse ein, in Siedlungen etwa Jungfledermäuse. Schon entdeckt?

Idee 56: NACHTFALTER ANLOCKEN

Auch süße Fruchtdüfte locken Nachtfalter an. Dazu können Sie in der Abenddämmerung Baumstämme oder hölzerne Zaunpfähle mit klebrig-süßem, extra gezuckertem Pflaumenmus bestreichen oder Sie hängen eine Girlande aus mit dem Mus bestrichenen Apfelscheiben ins Geäst. Die Falter sollten die süße Speise frei anfliegen können. Nun können Sie jede Stunde über mehrere Nächte (Mus evtl. nachstreichen) beobachten, wer denn so eintrifft. Eulenfalter wie das Rote Ordensband gehören zu den häufigsten Gästen. Günstig sind windstille Nächte

Die gelben Blüten der fein duftenden Nachtkerzen leuchten geradezu magisch in der Dunkelheit.

von Spätsommer bis Herbst, wenn das Blütenangebot langsam nachlässt. In windstillen Nächten locken Sie Nachtfalter auch mit Lichtfallen (an einer freien Stelle Taschenlampe auf ein helles Tuch richten) an.

Idee 57: BLUMEN FÜR DAS NACHT-FALTERBEET

Ganz einfach ist die Anlage eines Blumenbeets für Nachtfalter – vielleicht sogar unter Ihrem Schlafzimmerfenster, damit der Duft ins Zimmer strömt?

▌ **Echtes Geißblatt** *(Lonicera caprifolium):* Kletterpflanze, an einer Wand hochranken lassen, braucht Kletterhilfe (Zaun, anderer Strauch, Pfeiler, Torpfosten etc.)

▌ **Echtes Seifenkraut** *(Saponaria officinalis):* mehrjähriges Nelkengewächs, junge Pflanzen von Bauernmarkt pflanzen

Nach Anleitung auf Samentütchen aussäen:

▌ **Nachtviole** *(Hesperis):* einjähriger Kreuzblütler

▌ **Nachtkerze** *(Oenothera biennis):* einjährige Pflanze, sät sich gern selbst wieder aus

▌ **Weiße und Rote Lichtnelke** *(Silene latifolia, Silene dioica):* Nelkengewächs

▌ **Wegwarte** *(Cichorium intybus):* mehrjähriger Korbblütler, am trockenen Wegrand aussäen

▌ Einjährige **Duftlevkoje**, z. B. Garten-Levkoje *(Matthiola incana)*

> **Wichtig:**
> Keine gezüchteten Sorten verwenden, sondern die reinen Arten! Viele Zuchtsorten sind steril, enthalten keinen Nektar, keine Pollen und locken keine Nachtfalter an!

Jeden Sommer kursieren Meldungen, dass bei uns Kolibris an Blüten gesichtet wurden. Die Lösung dieses Rätsels: Es sind Taubenschwänzchen, die alljährlich vom Mittelmeerraum über die Alpen den Weg zu uns finden.

MITTLERER WEINSCHWÄRMER

Fast überall bei uns ist der Mittlere Weinschwärmer, *Deilephila elpenor,* häufig. Flügelspannweite 4,5–6 cm. Nach Einbruch der Dunkelheit können Sie ihn von Mitte Mai bis Mitte August beobachten, wenn er vor Blüten umherschwirrt. Das Weibchen legt seine Eier in den Wäldern vorzugsweise an Weidenröschen, Indischem Springkraut (ein Neophyt) und anderen *Impatiens*-Arten ab, im Garten an Fuchsien und Nachtkerzen. Das sind die Futterpflanzen für die Raupen. Während die jungen Raupen nur nachts fressen, sind die bis zu 8 cm großen erwachsenen auch tags zu entdecken: Fühlen sie sich bedroht, blähen sie sich auf, die drohenden Augenflecken erscheinen und lassen die kleinen Wesen wie Mini-Schlangen erscheinen. Wenn die Raupenentwicklung Mitte Oktober beendet ist, zieht sich die Raupe zur Verpuppung zwischen Blättern am Erdboden zurück und überwintert auch meistens.

BRAUNER BÄR

Von Juni bis September ist der hübsche Braune Bär, *Arctia caja,* auf Waldlichtungen und Wiesen, an Waldrändern, in Gebüschen und auch in Gärten unterwegs – allerdings nur nachts. Flügelspannweite 4,5–6,5 cm. Bei Bedrohung sondert der Falter zur Abschreckung einen üblen Duft ab und spreizt – ähnlich wie die häufigen Hausmuttern – die Vorderflügel, sodass die leuchtend roten Hinterflügel aufblitzen. Nach Mitternacht haben Sie die besten Chancen, einen Braunen Bären mit einer Lichtfalle anzulocken. Dessen Name erklärt sich aus der Gestalt der bis zu 6 cm langen Raupe, die wie ein Bär dicht braun behaart ist. Sie frisst die Blätter von Salweiden, Himbeeren, Schlehen, Brennnesseln und Mädesüß. Allerdings erreicht die Raupe erst im Folgejahr ihre stattliche Länge, denn sie überwintert als Jungraupe, kaum 1 cm lang, in einem feinen Gespinst.

MONDVOGEL

Der gelbe, runde Fleck auf dem Vorderflügel gab diesem Spinnerfalter seinen Namen. Fast überall häufig, können Sie den bis zu 3 cm langen Mondvogel, *Phalera bucephala,* von Mai bis Mitte August in sonnigen Laubwäldern, Alleen, Parks und Gärten entdecken. Mit angelegten Flügeln ähnelt er einem abgebrochenen Birkenzweiglein. Das Weibchen legt die Eier in einem regelmäßigen Muster auf die Unterseite von Salweiden-, Hängebirken-, Stieleichen-, Winterlinden-, Rotbuchen-, Haselnuss- und Zitterpappelblätter – allesamt Bäume, die bei uns recht häufig und weitverbreitet sind. Die gelbschwarz gemusterten Raupen fressen zunächst gesellig beisammen. Wenn sie so langsam ihre endgültige Länge von 7 cm erreicht haben, vereinzeln sie sich. Dann verpuppen sich die Raupen – und erst im nächsten Spätfrühling schlüpfen aus den Puppen die fertigen Falter.

ROTES ORDENSBAND

Das graugemusterte Rote Ordensband, *Catocala nupta,* das bestens getarnt den Tag über an Baumstämmen ruht, zeigt bei Bedrohung dieselbe Strategie wie der Braune Bär: Es spreizt die Vorderflügel und präsentiert die farbigen Hinterflügel. Flügelspannweite 6,5–7,5 cm. **Idee 58:** Da dieser Eulenfalter gern an blutenden Bäumen und gärendem Obst saugt, können Sie ihn mit Klebrig-Süßem anlocken. Er fliegt ab der Dämmerung von Juli bis Mitte Oktober, legt dann seine Eier an Zweige und Stämme von Weiden und Pappeln. Erst im nächsten Frühjahr schlüpfen die Raupen aus den Eiern. Die nachtaktive, rindenfarbige Raupe tut es den Faltern gleich und ruht tagsüber auf der Rinde. Nur schwer zu entdecken. Nach einer kurzen Puppenruhe zwischen Blättern oder unter loser Rinde schlüpft bald der Falter, den Sie von Mitte Juli bis Mitte Oktober in Laubwäldern, Parks und Gärten entdecken können.

SO RICHTIG GRUSELIG

Viele Menschen finden Spinnen gruselig, dabei gibt es bei uns keine Spinne, die uns irgendwie gefährlich werden könnte – doch schon am Mittelmeer ist das dank der Schwarzen Witwe anders, erst recht, wenn Sie noch weiter südlich reisen oder gar nach Südamerika (wo in Bananenplantagen die Brasilianische Wanderspinne lebt) und Südostaustralien (Sydney-Trichterspinne – eine der gefährlichsten Spinnen der Erde). Aber hier … lachhaft harmlos dagegen unsere Spinnen.

Dennoch bewirken Spinnen wegen ihres haarigen, langbeinigen Körpers, ihres plötzlichen Auftauchens aus lauernden Stellungen, ihrer huschenden Bewegungen, ihrer nächtlichen Lebensweise und sicherlich auch wegen ihrer rahmengebenden Platzierung in Gruselgeschichten landauf, landab Gefühle, die von bloßem Erschrecken über nervenkitzelndes Gruseln bis hin zu wahren Ängsten und Phobien (Arachnophobie) reichen.

Alle Spinnen sind durch die Bank Jäger, haben aber in ihrer Millionen Jahre langen Evolution ungemein viele Strategien für die Jagd erfunden.

Idee 59: Doch diese Nacht steht unter dem Zeichen »Nervenkitzel pur« – und darum besuchen Sie bei Ihrer nächtlichen Tour die Plätze, an denen Sie unsere Gruselprotagonisten – Spinnen und ihre vielbeinigen Kollegen – finden:

Wer hat Angst vorm Ohrenkneifer?

☽ Gemeiner Ohrwurm wird er auch genannt, wobei sich das »gemein« im Namen auf »gewöhnlich« bezieht, nicht auf »hinterlistig« oder »bösartig«. Sie

merken schon, vor dem Ohrenkneifer brauchen Sie keine Angst zu haben: Er kriecht nicht in Ihre Ohren und kneift Sie auch nicht in selbige, bei Bedrohung kann er aber schon mit seinen Zangen am Hinterleibsende zwicken.

Idee 60: Die Geschlechter können Sie leicht voneinander unterscheiden: Das Männchen (Foto) besitzt große, gebogene Zangen, das Weibchen kleinere und gerade. Die nachtaktiven Insekten (zählen – sechs Beine!) fressen Blattläuse und andere Kleintiere, aber auch zarte Pflänzchen. Die Weibchen sind fürsorgliche Mütter, die Eier und Jungen umsorgen und behüten. Wer hätte das gedacht?

Im Keller: das Reich von Hausspinnen (das sind die großen Spinnen, die auch gern in Waschbecken, Dusch- und Badewannen sitzen und nicht von allein heraus können), Großen Totenkäfern, Tausendfüßer und Asseln

Unter Blumentöpfen und Kübeln: Hochlupfen und schon huschen sie hervor – die Ohrwürmer (Insekten! Die Männchen mit den kräftigen, gebogenen Zangen am Hinterleib können ordentlich zwicken).

In Büschen, an Geländern und ähnlichen Strukturen in der Nähe von Straßenlampen: Kreuzspinnen – oft unzählige, nachzählen! – bauen dort alltäglich aufs Neue ihre filigranen, aber wirkungsvollen Netze. Schauen Sie genau hin, vielleicht entdecken Sie noch mehr Spinnenarten mit und ohne die arttypischen Netze.

An bodenfeuchten Stellen im Garten, Wald (Laubstreu): Tausendfüßer (Vegetarier, fressen abgestorbene Pflanzen) versprühen stinkendes Sekret bei Bedrohung, Steinläufer (gehören zu den Hundertfüßern) sind gefürchtete Jäger von Kleintieren und können richtig heftig beißen.

Wege am Waldrand: Moderkäfer erschrecken Sie dort mit ihrem skorpionähnlichen Verhalten.

Genießen Sie die kleinen Gruselerlebnisse und die Einblicke, die die Tiere Ihnen in ihr Leben geben – und lassen Sie sie UNBEDINGT in Ruhe. Sie sind Geschöpfe der Erde so wie wir!

Ihn sollten Sie besser nicht mit bloßen Händen fangen: Der Gemeine Steinläufer beißt blitzschnell mit seinen giftigen Kieferklauen zu. Er ist ein flinker Bursche, der rasch wieder zwischen Laub und Erde verschwindet.

Wer bekommt beim Anblick des silbern glänzenden Mondes nicht auch romantische Gefühle?

MOND, DU GEHST SO STILLE ...

... am weiten Himmelzelt. Der Erdtrabant ist eine verlässliche Größe am nächtlichen Himmel, sofern Wolken ihn nicht verdecken, und er regt durch seine eindrucksvolle Erscheinung jede Menge Fantasie an. Wundert es Sie noch, dass er so stark in Poesie, Malerei und andere Künste eingeht? **Idee 61:** Lassen auch Sie sich vom Mond anregen zu poetischen Versen, zu einem romantischen Bild oder greifen Sie zur Kamera und dokumentieren Sie allnächtlich die Phasen des Mondes.

Bei solcher intensiver Monderkundung nehmen Sie wahr, dass der Mond uns stets dieselbe Seite zugewandt hat (weil er sich an einem Erdentag einmal um sich dreht) und dass alle 29,5 Tage Vollmond ist. Haben Sie auch schon den »Mann im Mond« und den Mondhasen entdeckt? Nein – dann nichts wie raus in die Vollmondnacht!

BEI VOLLMOND

Bevor Sie Ihre Aufmerksamkeit der Vollmondoberfläche zuwenden, tauchen Sie ein in die Stimmung dieser besonderen Nächte. Viele Menschen glauben, der Vollmond würde schlaflos und depressiv, unruhig und nervös machen. Das englische »lunatic« (auf Deutsch: verrückt) drückt dies aus – nur wer ist verrückt? **Idee 62:** Seien Sie es in einer Vollmondnacht und machen Sie einen ausgedehnten Spaziergang: Suchen Sie offene Landschaften auf, laufen Sie Wiesen, Sanddünen, hügelige Wege hinauf und hinab – im Vollmondlicht lösen sich die Konturen von kleinen Erhebungen und Senken auf. Sehr eindrücklich ist dies in einer Wüste zu erleben.

Idee 63: Dann ist der Vollmond dran: Die hellen Bereiche sind Hochebenen, die Terrae heißen – die dunklen Bereiche »Mondmeere«, Flächen aus erstarrter, dunkler Lava (Maria genannt), die Namen

> → **Das Fernglas ruhig halten**
>
> ☽ Wenn Sie Ihre beiden Ellbogen fest auflegen (auf einen Zaun o. Ä.), dann halten Sie das Fernglas viel ruhiger als im freien Stand.
> ☽ Auch im Sitzen können Sie das Fernglas ruhiger halten als im Stehen.
> ☽ Wenn das auch noch nicht hilft: Beim Schauen Luft anhalten oder für das nächste Mal ein Stativ besorgen.

zu Zeiten bekamen, als man noch dachte, sie würden Wasser führen: Mare Imbrium (Regenmeer) etwa oder Mare Crisium (Meer der Gefahren). Die Mondoberfläche ist mit bis zu 300 km messenden Kratern übersät, in den Terrae dicht an dicht, nur einzelne hingegen in den Maria.

Idee 64: Sind die groben Oberflächenstrukturen erkundet, widmen Sie sich dem Feinbau, den unzähligen Kratern. Diese sind keine tiefen »Löcher«, sondern tellerartig flache Gebiete mit runden Wallstrukturen, die sogar über 5 km hoch sein können. Junge Krater wie Tycho (bei 7 Uhr) und Copernikus (bei 22.30 Uhr) sind von hellen Strahlen umgeben, die Sie am besten bei Vollmond erkennen können.

Idee 65: Ein Sommer-Mond-Vogel-Erlebnis: Haben Sie schon einmal Vögel gesehen, die vor der Mondscheibe vorbeigezogen sind? Nein? Dann schauen Sie von August bis Oktober bei klarem Himmel an lauen Sommerabenden zum Vollmond – mit Fernglas. Mit Glück und Ausdauer entdecken Sie bei Ihrem »moonwatch« Schwärme von Kleinvögeln, die nachts zurück in ihre Winterquartiere ziehen.

Wichtig:
Für ein rundum schönes Draußen-Übernach-
tungs-Erlebnis wählen Sie nur Nächte ohne
Gewitterprognose!

Der Beginn einer wunderbaren Nacht im Freien:
Spannende Bücher werden ausgepackt und gemein-
sam erkundet.

EINE NACHT IM FREIEN – OH, JA!

Schlafsack und Isomatte schnappen, eventuell einen Morgenfeuchte abhaltenden Biwaksack, dazu
eine Taschenlampe – das sind die Basics für eine
Nacht im Freien, das Highlight unter den nächtlichen Erkundungstouren.

Idee 66: Draußen schlafen unterm freien Sternenhimmel, für Ängstliche oder bei ungewissem Wetter
auch im Zelt, geht immer im eigenen Garten (sogar
im Winter) und ist gerade für kleinere Kinder meist
Herausforderung genug. Möchten Sie draußen
in der »wilden« Natur übernachten, bedarf es mehr
Vorbereitungen: Der Förster will gefragt sein, soll die
Übernachtung im Wald (zum Beispiel bei Schutz-
hütte oder Grillplatz) stattfinden, Eigentümer bei
Übernachtungen auf Wiesen, Hügeln, am Seeufer
oder Meeresstrand. Reizvoll ist auch eine Nacht in
den Bergen, etwa am Rand einer Bergwiese – doch
auch dort müssen Sie sich erkundigen, ob das einfach so möglich ist.
Dann kommt der Moment: Licht aus! Sofort umgibt
Sie die dunkle Nacht, die sich aufhellt, wenn sich Ihre Augen an die Dunkelheit gewöhnt haben. Erst
werden die hellsten Sterne sichtbar, dann immer
mehr – auch von der Umgebung. Kuscheln Sie sich
in Ihren Schlafsack, sehen Sie sich um, nehmen Sie
auch die Geräusche, die Gerüche der Nacht wahr.
Und vertrauen Sie Ihren Körper der Erde an, die Sie
so gut hält. Gute Nacht!

Idee 67: Falls Sie nachts aufwachen, schauen Sie
sich um: am Himmel, nah und fern rund um Ihren
Schlafplatz. Lauschen Sie in die Nacht. Vielleicht hören Sie die bettelnden »piiee«-Rufe junger Waldohreulen oder ein Käuzchen. Erschrecken Sie durch
laute Tiergeräusche, so ist das meist nur ein harm-
loser Igel.

EINEN STEINKREIS LEGEN

Suchen Sie acht größere Steine und legen Sie diese in alle Himmelsrichtungen (Süd, West, Nord, Ost) und Nebenrichtungen (Südost, Südwest, Nordwest, Nordost) um Ihren Schlafplatz. Ein Steinkreis umgibt Sie draußen wie ein Zaun und schenkt Ihnen ein Gefühl von Sicherheit.

Idee 68: Irgendwie gehören auch Geistergeschichten zu einer Nacht im Freien. Graf Dracula etwa, der blutrünstige Vampir aus Transsylvanien, Werwölfe oder Frankensteins Monster; dazu kommen die verschiedenen Wald-, Erd- und Feuergeister unserer Sagen- und Legendenwelt. Bei Nacht können sie lebendig werden, wenn Sie sich gegenseitig die gruseligen Geschichten erzählen. Oder Sie erfinden eine neue: Reihum denkt sich jeder eine unheimliche Geschichte aus, die alle zum fürchten bringt.

Gasthaus Zum Igel

☽ Einen Igel zu beobachten, ist wunderbar. Unglaublich, wie laut der kleine Kerl daherkommt. In Ihrem Garten können Sie ihm im zeitigen Frühjahr und im Herbst, wenn der Nahrungsbedarf besonders groß ist, einen kleinen überdachten Imbiss anbieten: Besorgen Sie spezielles Igeltrockenfutter im Zoofachhandel oder mischen Sie Weizenkleie, Haferflocken oder hin und wieder auch mal ein ungesalzenes, ungewürztes Rührei unter Katzendosenfutter. Igel haben auch Durst, darum darf das Schälchen Wasser (täglich frisch, keine Milch!) nicht fehlen. Und nun: Viel Freude beim Beobachten!

Schlafsack-Hüpfen und andere Bewegungsspiele machen den Körper fit und bauen mögliche Furcht vor dem ersten Übernachten im Freien ab. Und natürlich macht es allen Kindern riesigen Spaß, verpackt wie eine Wurst durch die Gegend zu springen.

STERNENLICHT AM SOMMERHIMMEL

Erst spät versinkt nun die Sonne hinter dem Horizont. Wenn am noch blauen Abendhimmel einzelne Lichtpunkte aufleuchten, so sind dies meist keine Sterne, sondern einer der lichtstarken Planeten Venus, Jupiter oder Saturn (sofern sie überhaupt sichtbar sind). Sterne leuchten erst nach 22 Uhr und später auf. **Idee 69:** Nun ist die richtige Zeit, um zum Sternegucker zu werden:

▌ Hoch am Himmel bilden drei auffallend helle Sterne ein deutliches Dreieck, das Sommerdreieck. Wega (Sternbild Leier) ist der hellste der drei Sterne, links davon finden Sie den zweiten hellen Stern, Deneb, im Sternbild Schwan. Der dritte steht am tiefsten – das ist Atair im Sternbild Adler (dessen Form eines Adlers ist gut zu erkennen).

▌ Tief am Horizont entdecken Sie die beiden schönen Sternbilder Schütze und Skorpion aus dem Tierkreis. Da sie nie besonders hoch am Himmel stehen, verschwinden sie leider oft im Licht und Dunst. In ihrer ganzen Pracht zeigen sie sich am sommerlichen Nachthimmel im Mittelmeerraum – vielleicht ein Beobachtungsprojekt für Ihren nächsten mediterranen Urlaub?

▌ Und dann gibt es noch die Sternschnuppen, normalerweise ein paar wenige in jeder Stunde.

Idee 70: *Solch ein fantastisches Foto können auch Sie machen. Dazu brauchen Sie einen manuell einzustellenden Fotoapparat und ein Stativ. Nun richten Sie die Kamera so aus, dass der Polarstern drauf ist – um diesen drehen sich nämlich die Sterne fortlaufend. Die blitzenden »Querschläger« sind Sternschnuppen.*

Kreuzt die Erde auf ihrer Bahn um die Sonne aber einen Meteoritenschwarm, so sind es besonders viele – und die meisten gibt es in den Nächten vom 10. bis 14. August: Bis zu 110 Sternschnuppen pro Stunde bieten die Perseiden!

Idee 71: DAS FERNSTE OBJEKT IM UNIVERSUM SEHEN

Haben Sie gewusst, dass das weiteste Objekt, das Sie mit bloßen Augen sehen können, im Sternbild Andromeda steht? In einer klaren Nacht erkennen Sie dort einen nebeligen Fleck, die berühmte Andromeda-Galaxie. Ihr Licht war 2,7 Millionen Jahre unterwegs, bevor es Ihr Auge erreicht.

Idee 72: POLARLICHT – AUCH BEI UNS!

Mit dem Sonnenwind gelangen auch elektrisch geladene Teilchen der Sonne auf die Erde. Wenn diese Teilchen die Erdatmosphäre erreichen, regen sie die Luftmoleküle zum Leuchten an, und herrliche Polarlichter stehen wie bunte Bänder, Wellen oder Vorhänge am Himmel. Meistens können Sie diese Aurora borealis nördlich des 60. Breitengrades beobachten. Doch auch bei uns gibt es an meist fünf bis zehn Nächten im Jahr ein schwaches, rötliches Polarlicht vorwiegend am Nordhimmel – wann, hängt mit den Bedingungen auf der Sonne zusammen. Infos finden Sie im Internet unter: www.polarlichtinfo.de.

Orientierung leicht gemacht – mit Sternen

☽ Am wolkenlosen Nachthimmel steht der mittelhelle Polarstern im Norden. Mithilfe des Großen Wagens finden Sie ihn: Dazu denken Sie sich eine Linie zwischen den beiden hinteren Sternen des Wagenkastens und verlängern diese gedachte Linie fünfmal. Im Herbst finden Sie ihn leichter mithilfe des Sternbilds Kassiopeia: Die mittlere Spitze vom M weist zum Polarstern.

☽ Dank der Himmelsdrehung bewegen sich Sterne und Planeten fortlaufend am Himmel. Markieren Sie optisch die Position eines hellen Sterns und beobachten Sie ihn ein paar Minuten später. Sie blicken nach …

… Süden, wenn der Stern nach rechts wandert,

… Westen, wenn er abwärts steigt,

… Norden, wenn er nach links wandert,

… Osten, wenn er aufwärts steigt.

Buntes Farbenspiel Polarlicht: In unseren Breiten ist es überwiegend rötlich gefärbt – wie auf diesem Foto –, im Norden mehr grünlich.

Da ist das nächste Versteck! Eine Schatzsuche im Dunkeln macht immer Freude – ob klassisch als Schnitzeljagd oder modern als Geocaching, Schätze zu finden ist megaspannend!

SPIELE IN DER NACHT

Sich bewegen und regen macht Spaß, auch während Nachtwanderungen oder beim Übernachten im Freien – und bei Spielen im Dunkeln kommt besonders viel Spannung auf, vielleicht sogar ein Prise nächtliche Gänsehaut. Damit die kleinen und auch die großen Kinder tatsächlich Freude am Spiel haben, wählen Sie Umgebung und auch die Spiele dem Alter angemessen aus. Ein paar Spielideen für die Nacht:

Idee 73: GERÄUSCHE RATEN

Nachts hören Sie besonders gut. Woher stammt das Geräusch, das Ihr Mitspieler macht? Nacheinander erzeugen die Mitspieler verschiedene Geräusche, ohne dass die anderen zuschauen dürfen: einen Reißverschluss öffnen oder schließen, mit dem Fuß schaben, einen Ast über den Boden ziehen, eine Sprudelflasche öffnen. Derjenige, der das Geräusch richtig geraten hat, ist als Nächster dran.

Idee 74: BARFUSS IM BLINDLAUF

Auf Rasen, Wiese, Feld- und Waldwegen, am Ufer oder Strand bilden Sie eine lange Schlange. Alle legen die Hände auf die Schultern des Vorangehenden und schließen die Augen, nur der Vorderste kann sehen – er führt die blinde Karawane an und sorgt dafür, dass sich keiner an herabhängenden Ästen, Hindernissen oder Ähnlichem stößt. So geht es langsam, bedächtig und schweigend durch die Nacht. Achten Sie auf Geräusche, auf Gerüche, auf die Beschaffenheit des Bodens.

Idee 75: VERSTECKEN

Das klassische Versteckspiel klappt auch im Dunkeln. Alle haben eine Taschenlampe bei sich, lassen sie jedoch ausgeschaltet. Nur der Suchende sucht im Lichtstrahl die versteckten Mitspieler, vorher draußen einen Raum festlegen. Bei kleineren Kindern können Sie auch vereinbaren, dass die Versteckten hin und wieder ein kurzes Signal mit der Taschenlampe geben.

Idee 76: SCHNITZELJAGD

Vier sollten Sie schon sein für eine spannende Schnitzeljagd, dazu je nach Untergrund und Umgebung Sägespäne, Kleintierstreu, Straßenkreide, reflektierende oder CD-Scheiben oder auch kleine Knicklichter aus dem Anglerbedarf benutzen. Sie bilden zwei Gruppen. Während eine Gruppe sich gemütlich am Lagerfeuer gruselige Geschichten erzählt, startet die andere Gruppe und markiert etwa alle 30 m mit den Materialien laut- und lichtlos einen Weg zu einem Ziel. Auch Blindgänger und Fehlspuren sind erlaubt, etwa Pfeile, die an einer Kreuzung in alle Richtungen weisen. 15 Minuten nach der ersten Gruppe macht sich die zweite auf den Weg, folgt mit der Taschenlampe den ausgelegten Spuren, bis sich alle am Ziel treffen.

Idee 77: GEOCACHING BEI NACHT

Das ist eine moderne Form von Schnitzeljagd, zu der Sie ein GPS-Gerät benötigen. Anhand der Koordinaten (etwa von den Internetseiten www.geocaching.com, www.opencaching.de, www.navicache.com) finden Sie ein Versteck mit einem Schatz. Die

Taschenlampenspiele gibt es in x Variationen. Beim Durchleuchten erscheint die Hand wegen der Blutgefäße intensiv rot.

meisten Caches sind für die Tagsuche angelegt, aber es gibt auch spezielle Nachtcaches, meist mit mehreren Stationen bis zum Ziel. Der Clou: Die reflektierenden Hinweise auf die einzelnen Stationen finden Sie nur nachts mit der Taschenlampe. Eine Schatzsuche mit Gänsehautgarantie!

Nach eifrigem Spiel kommen Hunger und Durst auf, auch im Dunklen. Packen Sie darum ein Picknick ein, ein paar belegte Brote, süße Kuchenstücke, Möhren- und Gurkenstifte sowie Früchte. Auch ein Getränk darf nicht fehlen. **Idee 78:** Ganz Mutige starten nun mit einem Dunkel-Essen. Licht aus und raten, welchen Bissen Sie gerade kosten.

IM WALD, BEI NACHT, BEI DUNKELHEIT

Die undurchdringliche Düsternis beginnt kaum einen Meter vom Weg entfernt. Mächtige Bäume raunen und knarren im Wind, strecken Ihnen ihre langen Äste entgegen, als ob sie Sie packen wollten. Es raschelt und knackt, ganz plötzlich in Ihrem Rücken … Wahrlich, der Wald gehört bei Nacht zu den unheimlichen Orten – und ist dabei heute so viel sicherer als jede Straße, jedes Zentrum einer großen Stadt. Doch wie so oft divergieren Gefühl und Realität, so auch im Wald.

Dabei gibt es im Wald viel zu entdecken, auch nachts, obwohl es dann noch verborgener ist als tagsüber, wo schon Büsche und Unterholz so viele Tiere vor Ihren Augen schützen. Sie hingegen werden immer wahrgenommen; heimlich im Wald sein – das gibt es nicht.

Raschelt es im Laub, so sind dort meist Mäuse unterwegs, Gelbhalsmäuse, Waldmäuse (können hervorragend klettern!) und Rötelmäuse etwa. Wo es so viele Mäuse gibt, sind Eulen, Füchse und andere Mäusejäger nicht weit.

Haselmäuse (Foto; keine Echten Mäuse, sondern mit Siebenschläfer verwandt) suchen im nahen Umkreis um ihr kunstvolles Schlaf- und Brutnest aus trockenem Gras, Laub und Moos nach Nahrung. Wenn Haselnüsse und andere Früchte reif sind, dort Ausschau halten. Rhythmisch »ge-ge-ge« keckern Baummarder, wenn sie aufgeregt sind – meist jedoch hört man sie nicht. Hundegebell muss kein Hund sein – wenn Rehe sich gestört fühlen oder erschrecken (was leicht geschieht), bellen sie rau und kurz »bö bö bö« wie ein Hund.

Idee 79: Besuchen Sie bei Nacht auch einmal ein Wildgehege. Entdecken Sie Unterschiede im Verhalten der dort lebenden Rothirsche, Rehe und Wildschweine bei Tag und bei Nacht?

→ Erlebnisse im Sommernachtswald

☽ **Mai/Juni:** Rehkitze (häufig Zwillinge) kommen zur Welt – Mutter (Ricke) und Kitz verständigen sich mit leisem Fiepen, das Kitz höher und leiser als die Ricke.

☽ **Mai/Juni:** Bis 2 Stunden nach dem Ende der Abenddämmerung und ab eine Stunde vor der Morgendämmerung balzen noch die taubengroßen, braun gemusterten Waldschnepfen mit dem dicken Kopf; dabei fliegen die Männchen, mal quorrend, mal scharf hoch »pisst« rufend, auf Lichtungen und an Waldrändern in Baumwipfelhöhe stets dieselben Strecken um das Brutrevier.

☽ **Mai/Juni/Juli:** Durchdringend »piii-e« rufen die jungen Waldohreulen, wenn sie hungrig sind – und das sind sie viele, viele Nächte lang …

☽ **Juni/Juli:** Bis zu 100 nacheinander ausgestoßene laute Quiek-, Fiep- oder Pfeiftöne, jeder etwa drei Sekunden lang, dann wieder ein feines, pausenloses Zwitschern – so hören sich Siebenschläfer während der Paarungszeit an.

☽ **Juli/August:** Nun ist Brunftzeit bei den Rehen, begleitet von Fieplauten der Böcke und Ricken. Manche Jäger vermögen mit einem Buchenblatt die fiependen Töne der Weibchen nachzuahmen (und locken so Böcke an).

☽ **August:** Die Siebenschläfer werden in einer Baumhöhle geboren und dort 30 Tage lang gesäugt. Fühlen sich die Tiere dort gestört, ertönt das typische Drohsurren.

☽ **Ende August/September:** Die jungen Siebenschläfer halten sich in der Umgebung der Wurfhöhle auf – mit Glück beobachten Sie die putzigen Wesen beim Spielen.

Und natürlich können Rehe und Wildschweine, ein Fuchs oder Dachs Ihren Weg kreuzen. Bedanken Sie sich bei den Tieren, dass sie sich gezeigt haben. Das ist nicht selbstverständlich. Nutzen Sie die Gelegenheit und denken Sie ein wenig über die Lebensweise der Tiere nach.

MARDERHUND

Neuansiedler! Wird auch Enok genannt.

Von Ostasien kam der Marderhund als Pelztier in
den Westen Russlands – und hat sich von dort
westwärts über Osteuropa bis nach Frankreich aus-
gebreitet. Nun ist er da, der gedrungene nachtaktive
Marderhund, den sie durch seinen hundeähnlichen
leicht federnden Gang vom Waschbär (läuft wie ein
Bär schwerfällig mit Buckel) unterscheiden können.
Er kommt vorwiegend in Gewässernähe vor, ruht
tagsüber in Fuchsbauen oder unter Wurzeln und
geht nachts still und leise auf Nahrungssuche (Alles-
fresser). Sein Gewicht schwankt von rund 5 kg im
Sommer bis zu 10 kg vor dem Winter. Im Norden
von Deutschland gehört der Enok sicher zu den
recht häufigen Nachttieren, im Süden wird er bisher
nur vereinzelt gesichtet. Es ist davon auszugehen,
dass sich der Marderhund trotz Bejagung weiter bei
uns verbreiten wird.

WASCHBÄR

Neuansiedler!

Als 1934 im Gebiet um den hessischen Edersee
vier Waschbären freigelassen wurden, hätte nie-
mand gedacht, dass sich dieser hübsche Kleinbär,
zwischen katzen- und fuchsgroß, so wohl bei uns
fühlen würde. Mittlerweile gilt der ursprüngliche
Nordamerikaner bei uns als heimisch. Sein Indianer-
name »Racoon« (»der mit den Händen kratzt«) weist
auf den hervorragenden Tastsinn seiner Hände hin,
mit dem er Fische, Krebstierchen und andere Nahrung in Gewässern ertastet. Er kann ausgezeichnet
hören und riechen – Anpassungen an seine nächtliche Lebensweise. Tagsüber versteckt er sich (auch
in Baumwipfeln oder auf Dächern – nachschauen!),
nachts geht er auf Nahrungssuche: 200–400 g
Früchte, Samen, Regenwürmer, Schnecken und
andere Kleintiere genügen ihm. Zutraulichkeit ist
kein Zeichen für Tollwut.

BRAUNBÄR

Altbewohner, leider fehlend bis rar!

Von den zahlreichen Unterarten des Braunbären, *Ursus arctos,* lebt bei uns die kleinste: der Europäische Braunbär mit Höchstgewichten um 250 kg. Dreimal so viel wiegen die größten Braunbären der Erde (Kodiakbär, Kamtschatkabär). Schlafen, gemächlich an einen anderen Ort wandern, fressen, ruhen, fressen, schlafen, fressen, ein paar Meter trödeln, fressen – so sieht eine Sommernacht im Leben eines Braunbären aus, den Winter verschläft er in einem Versteck. Doch Braunbären sind flink (bis zu 60 Stundenkilometer) und können bei Bedrohung sehr gefährlich werden. Dies zusammen mit dem Reißen von Weidevieh (seien Sie mal ehrlich, wenn Sie Hunger hätten und keine Ahnung von Besitztümern, würden Sie doch auch …) macht ihn bei Menschen unbeliebt – und so haben es die braunen Bären sehr schwer, bei uns wieder Fuß zu fassen.

WOLF

Altbewohner, leider fehlend bis rar!

Ursprünglich war der Wolf fast auf der ganzen Nordhalbkugel verbreitet, ist heute jedoch wegen der gnadenlosen Verfolgung durch Menschen in vielen Gebieten ausgestorben. Immer wieder wandern Wölfe von Osten und Südwesten nach Deutschland ein, haben aber bei uns nur wenige Chancen. Leider! Die etwa Schäferhund großen Tiere leben in Rudeln, die vom ranghöchsten Wolfspaar geführt werden. Nur dieses bekommt Junge, die vom ganzen Rudel versorgt werden. So können die Jungen das im Herbst notwendige Gewicht erreichen, um den Winter zu überleben. Wölfe haben eine vielfältige Laut- und Körpersprache. Am bekanntesten ist das Heulen, mit dem sich die Tiere auf die nächtliche Jagd (gemeinsam) einstimmen, Gruppenzusammenhalt fördern oder andere Wolfsrudel fernhalten. Der Haushund stammt vom Wolf ab.

Tipp:
Jagt im Licht einer Straßenlaterne eine »besonders große Fledermaus«, so schauen Sie genau hin: Vielleicht ist es auch ein Steinkauz auf Insektenjagd!

Der Mond zaubert lange Schatten und hüllt die Landschaft in mystisches Licht, in dem früher sicherlich viele Legenden und Sagen entstanden sind.

NACHTS IN FELD UND WIESE

Schon lange bevor die Sonne untergeht, verabschieden sich die Blumen und Insekten vom Tag. Erstere schließen ihre Blütenknospen, manche senken sogar ihre Blätter, und das Zirpen der Heuschrecken und Brummen der Bienen, Hummeln und anderer Sechsbeiner verstummt, während die Feldgrillen nach sonnigen Tagen gar nicht genug vom Zirpen bekommen und noch in die Nacht hinein unentwegt laut tönen.

Mit dem Einbruch der Dunkelheit betreten andere Tiere die übersichtliche Bühne von Feld und Wiese. Igel tauchen schnaufend auf, und von irgendwoher ertönt ein Schnarren. Wer mag das wohl sein? Und so laut! Es ist eine Maulwurfsgrille, 5 cm lang, die im Boden auf Jagd geht. Weil sie dabei Wurzeln, die ihr im Weg stehen, kurzerhand abzwickt, ist sie nicht sonderlich beliebt bei Gärtnern. Aber hier im lockeren Boden erfreuen wir uns an den schwer zu ortenden Lauten, mit der sie die Nacht ein wenig geheimnisvoller macht.

Auch Schleiereulen (siehe Seite 32) sind nachts, dort, wo es sie noch gibt, häufige Besucher der Wiese, denn hier lebt ihre Lieblingsbeute: Mäuse, Mäuse, Mäuse. Ohne Mäuse keine Brut, mit Vögeln und Reptilien werden die Jungen nicht wirklich satt.

VON ÄPFELN UND OBSTWIESENEULEN

Spannend ist die Nacht auf einer Streuobstwiese. Im Mondlicht werfen die hochstämmigen Apfel-, Birn- und anderen Obstbäume sanfte Schatten auf die Wiese, in der Sie die bunten Blumen erahnen können – ein Paradies für über 5000 verschiedene Pflanzen- und Tierarten, Insekten, kleine Säugetiere, Reptilien, Lurche und Vögel. In den verlassenen Spechthöhlen finden Siebenschläfer und Fledermäuse, aber auch Wespen und Hornissen hervorragende Schlafplätze – doch die sind nun wach und außer Haus. **Idee 80:** Grund genug, Spechthöhlen aufzusuchen und aus einigen Metern Abstand vorsichtig und achtsam zu beobachten, ob die nächtlichen Bewohner wieder nach Hause kommen.

DER STEINKAUZ

Der kleine, wendige Steinkauz ist die Obstwieseneule schlechthin. Sein nächtliches Gesangsrepertoire ist erstaunlich umfangreich, er kann bellen, miauen, schnarchen, 12- bis 20-mal in der Minute kurz und nasal »guhg«, »guuig« oder »gwuäig« rufen. Sogar in 600 m Distanz hören Sie noch den kleinen Kerl. Unverpaarte Männchen singen auch tagsüber, Weibchen nur selten.

Der Steinkauz nistet am liebsten in Baumhöhlen von Obstbäumen oder alten Kopfweiden. Von einem erhöhten Platz aus entdeckt er reichlich Mäuse, Kleinvögel und Regenwürmer auf den umliegenden Wiesen, er jagt aber auch am Boden. **Idee 81:** Hängen Sie ihm doch eine spezielle Niströhre ins Geäst – weil auch er unter Wohnungsmangel leidet, werden diese Röhren als Ersatzhöhle gut angenommen.

Daumengroß präsentiert sich die Maulwurfsgrille, die, man glaubt es kaum, sogar fliegen kann.

FELDGRILLE

Unermüdlich bis tief in die Nacht hinein zirpen die Feldgrillen-Männchen. Wenn sie mit dem rechten Flügel über den linken streichen und dabei die zickzackförmig über den Flügel laufenden Schrilladern zum Schwingen bringen, ist der schnelle »zri zri«-Gesang bis zu 50 m weit hörbar. Eine Feldgrille, *Gryllus campestris,* zu sehen, ist nicht einfach. Die 2 bis 2,5 cm langen schwarzen Grillen bewohnen trockene, sonnige Gebiete mit niedrigem Pflanzenbewuchs, sogenannte Trockenrasen und Heiden. Die Männchen bauen sich vor ihrer Wohnröhre im Boden eine kleine pflanzenfreie Arena, auf der sie singen. Bei der geringsten Bodenerschütterung verschwinden sie in der Röhre. Kommt ein rivalisierendes Männchen vorbei, kann es zum Kampf kommen – Weibchen werden innig mit ganz besonders zarten Tönen umworben. Wer schafft es, eine Feldgrille mit eigenen Augen zu sehen?

LEDERLAUFKÄFER

Bis zu 4 cm lang ist der größte heimische Laufkäfer unter den etwa 500 verschiedenen Arten. Wie alle Laufkäfer ist er ein hungriger Jäger. Schnecken, Würmer, Insekten und auch tote Kleintiere stehen auf seinem Speisezettel, darunter auch etliche Schädlinge. Darum ist der tiefschwarze Lederlaufkäfer, *Carabus coriaceus,* mit den feinkörnig gerunzelten Flügeldecken bei Gärtnern und Landwirten beliebt. Anfassen sollten Sie ihn besser nicht, denn er kann nicht nur kräftig zubeißen, sondern auch mit einem stinkenden Sekret aus Mund und Analdrüsen um sich sprühen (das bestens auf Haut und Kleidung haftet, ergo schwer zu entfernen ist). Neben Gärten und Feldlandschaften kommt er auch in Wäldern vor. Früher war er bei uns wie viele andere Insektenarten sehr häufig, heute hat er sich in den durch den Menschen überall veränderten Lebensräumen rar gemacht.

SCHWARZER MODERKÄFER

Starke Kiefer besitzt auch der Schwarze Moderkäfer, *Ocypus olens*, mit einer Länge von bis zu 3,2 cm die größte mitteleuropäische Art unter den Kurzflüglern, einer Käfergruppe. Der tiefschwarze Käfer mit dem großen Kopf biegt wie ein Skorpion seinen Hinterleib mit windenden Bewegungen weit nach vorn, wenn er sich bedroht fühlt. Dazu hebt er seinen Kopf mit den weit geöffneten Mandibeln (Kiefer, Teil der Mundwerkzeuge) – das sieht sehr bedrohlich aus – und versprüht eine übel riechende Flüssigkeit. Sein Name gibt einen Hinweis auf den Lebensraum des Moderkäfers, der in der Laub- und Streuschicht unserer Wälder und am Waldrand heimisch ist. Manchmal ist der nachtaktive Käfer auch tagsüber zu sehen. Auch die räuberischen Larven leben am Erdboden und überfallen ihre Beute aus kleinen Erdröhren heraus. Sie verpuppen sich in kleinen Höhlen im Erdreich zum fertigen Käfer.

SCHNECKEN

Tagsüber verborgen (es sei denn, es ist feucht oder regnet), verlassen die Schnecken bei Dämmerung ihr Versteck im Laub, Boden oder schattigen Wurzelbereich niedriger Pflanzen. Dann ist es kühl und feucht. Sonne, Hitze und Trockenheit können Schnecken nicht leiden – Gehäuseschnecken verkriechen sich dann in ihrem Häuschen, was den Nacktschnecken verwehrt ist. An dem körnigen Feld der Nacktschnecken auf dem vorderen Schneckenkörper erkennen Sie noch, wo bei den gehäusetragenden Vorfahren einst das Häuschen saß. Die sich rhythmisch schließende Öffnung an der Vorderseite oder am Gehäuserand ist das Atemloch. Schnecken besitzen eine Raspelzunge, mit der sie ihre Nahrung – Blätter, Früchte, tote Kleintiere – wie mit einer Reibe abraspeln. Als Zwitter sind Schnecken Männchen und Weibchen zugleich – und so befruchten sich die Tiere bei der Paarung gegenseitig.

Idee 82: *Wenn die Sonne untergeht und das Land in rosa-orange Töne hüllt, stimmen Sie ein Lied an – etwa dieses wunderschöne Schlaflied: »Abendstille überall, nur am Bach die Nachtigall singt ihre Weise klagend und leise durch das Tal.«*

AN TEICH UND SEE

Laut schnarrend quakt es von Teich und Weiher her, wenn dort Frösche (Grünfrösche sind es) siedeln. Das Gequake gehört bei Teich-, See- und Wasserfrosch zur Fortpflanzung dazu und ist ihnen auch per Gerichtsbescheid nicht abzugewöhnen: Endlos ist die Liste an Klagen, die ihretwegen vor Gericht landeten (und immer noch landen) – mit oftmals kuriosen Folgen. Merkwürdige Welt, in der wir leben: In viel größerem Maße sind wir bereit, Verkehrslärm von Straßen, Zugtrassen oder Flugzeugen

hinzunehmen, wollen aber jedweden Kinder- oder »Natur«-Lärm mit großem Elan stoppen.

Dabei sind Frösche doch irgendwie herzig: Die rufenden Männchen zeigen rechts und links der Maulspalte zwei kaugummiblasenähnliche Schallblasen – die Sie im Mondschein sogar bei Nacht sehen können. Darum nehmen Sie's gelassen: Genießen Sie den Abend am Gewässer mit dem sommertypischen Frosch-Background-Chor. Haben Ihnen bisher rufende Frösche die Nachtruhe geraubt, so ändern

Sie Ihre Einstellung zu den Fröschen: Träumen Sie sich bei deren Klang an einen idyllischen See, in ein Paradies – wie schnell ist die Paarungszeit vorbei und damit auch das Gequake.

Doch nicht nur Frösche machen die Nacht zum Tag, auch viele Enten und Gänse halten sich nicht an einen Rhythmus und sind tags und nachts aktiv. Stock- und Kolbenenten etwa zeigen sich nun mit ihren Jungen besonders häufig in der Abenddämmerung. Auch der Graureiher besucht in der Dämmerung gern seine Jagdgründe – flache Gewässerufer oder Wiesen – und jagt manchmal sogar in der Dunkelheit.

Idee 83: Gründe genug, den Tag an Ihrem Gartenteich, an einem See oder Weiher ausklingen zu lassen. In einem Badesee können Sie sogar schwimmen gehen. Nun, wo die Fische ruhend im Wasser stehen, die Vogelwelt nach und nach verstummt und das Mondlicht sich auf der ruhigen Wasseroberfläche spiegelt, entsteht eine ganz eigene Stimmung. Ruhe kehrt ein, die eigenen Schwimmbewegungen scheinen lauter, es wird Nacht – das ist mitten auf einem See sehr spürbar. Ertönt zwischen dem Froschchor und dem Ruf eines Bless- oder Teichhuhns ein Nebelhorn aus dem ausgedehnten Schilfröhricht größerer Seen, so ruft vielleicht eine Rohr- oder Zwergdommel.

Tipp:
Nehmen Sie einen Kescher und durchsichtigen Eimer mit. Vielleicht können Sie ja ein paar Wassertiere entdecken – Wasserschnecken etwa oder Pferdeegel. Besonders ergiebig ist ein Blick auf die Unterseite von Seerosenblättern.

Ausklang eines drückend heißen Tages im kühlen Nass: plantschen, spritzen, umhertollen – juchhu, Sommer ist!

REGENTAG IST LURCHITAG

Ihre Lungen jauchzen vor Freude, wenn Sie bei regnerischem Wetter durch Wald, Feld und Flur streifen. Machen Sie dies einfach mal am Abend: Dann sind auch die Lurche unterwegs – und Sie verbinden ein gesundes Tun mit Natur erkunden. Jetzt gilt es nur noch, die passenden Lebensräume aufzusuchen, dann heißt es Taschenlampe an, Mund zu und Ohren auf – viele Kröten, Frösche und Co. machen Töne.

»Ä … ä … ä …« – keckernd wie ein kräftiges Lachen rufen die Grünfrösche, die Biologen zum Verzweifeln bringen. Denn was sich so an Weihern,

Sümpfen, Seen, Flüssen und vielen Gartenteichen tümmelt, ist kein grüner Teichfrosch, sondern ein bunt gemischter Bastard aus Kleinem Grün-, Wasser- und Seefrosch. Macht nichts – missen wollen wir ihr nächtliches Konzert nicht, das so nach Sommer klingt.

Im Garten kann Ihnen noch ein weiterer Lurch begegnen – die Erdkröte. Sie jagt im Umkreis ihres Tagesverstecks, auch die unbeliebten Nacktschnecken. Leuchten Sie auch mal in Kellerschächte: Erdkröten fallen gern hinein. Dann ist erstens Retten und zweitens Schachtsichern angesagt, am besten sofort, damit nicht noch Igel oder Spitzmäuse in die ungewollte Falle gehen.

Gelbschwarz warnt uns unser giftigster Lurch: Nicht anfassen! Der Feuersalamander ist recht häufig – und damit in feuchten Laubmischwäldern, aber auch auf Viehweiden und sogar in manchen Städten ein ziemlich sicherer Kandidat für Ihre nächtliche Regenerkundungstour. In der Nähe von Quellen, Bächen und kühlen, flachen Tümpeln erhöhen Sie die Trefferquote. Normalerweise bewegt sich der Feuersalamander langsam, was sich auch in seinem Beutespektrum (Würmer, langsame Insekten, Spinnen, Asseln, Tausendfüßer) bemerkbar macht. Doch er kann auch überraschend schnell laufen.
Raschelt es im Laub, so kann das im fortgeschrittenen Sommer auch ein Molch sein, der nun das Gewässer schon wieder verlassen hat und seine tarnfarbenbraune Landtracht trägt.

Wie Plastiktiere sehen die glänzenden Feuersalamander aus – doch sie sind echt und sogar bis zu 18 cm lang. Welch Wunder: Die Weibchen bringen fertig entwickelte Larven zur Welt.

NETT, LAUT UND MIT GERUCH

Unser nettester Lurch – der Laubfrosch – sitzt im Sommer auf Büschen und Bäumen in größeren Feuchtgebieten, wo er sich mit Haftfüßen auf Blättern festhält. Bis Mitte Juni ertönt noch sein un-

glaublich lautes Konzert. Eifrig ist der Laubfrosch dabei, von der Dämmerung bis Mitternacht und früh morgens ertönt fast pausenlos: »räp räp räp.«
Bis Juni hören Sie noch in flachen, wenig bewachsenen Tümpeln in Kies- und Lehmgruben und manchen Feldlandschaften das »Ärr ärr ärr«-Konzert unserer lautesten Kröten, der Kreuzkröten. Im seichten Wasser richten sich die Sänger auf, blasen eine riesige Schallblase auf und beginnen zu rufen. Gleichzeitig wohlbemerkt! Und obwohl ein Dirigent fehlt, hören sie auch gemeinsam auf. Na hoppla, das nennt sich Taktgefühl. Ist der Sommer schon etwas fortgeschritten, so verwechseln Sie eine flink daherlaufende Kreuzkröte nicht mit einer Maus!

Deutlich nach Bärlauch duftet die Knoblauchkröte, allerdings nur beim Fangen. Die bis zu 7 cm große Kröte kommt in Ebenen und Flussniederungen vor, wo es lockeren Sandboden gibt. Spargel mag denselben Boden wie die Knoblauchkröte. Sind Sie im richtigen Lebensraum, dann lauschen Sie einmal in Richtung tieferer Tümpel und Weiher. Dort rufen die scheuen Männchen vom Abend bis Mitternacht dreimal »wock wock wock« pro Sekunde – unter Wasser wohlgemerkt.

Idee 84: Machen Sie aus Ihrer Regen-Lurchi-Entdeckungstour einen kleinen Wettbewerb: Wer hat die meisten Frösche quaken gehört?

Meist wird der Laubfrosch seinem Namen gerecht und sitzt im Blätterwerk von Bäumen und Büschen. Dank Haftscheiben an den Zehen kann er Sitzhöhen von bis zu 10 m erklimmen, auch senkrechte Glasscheiben kommt er problemlos hinauf. Und ein hohes Alter erreicht der hübsche Lurch auch, nämlich bis zu 15 Jahre.

AM STRAND

Gibt es etwas Schöneres als einen Abend, eine Nacht am Strand? Wenn die Sonne sich langsam dem Horizont nähert, dabei größer und roter wird und schließlich Stück für Stück, kaum wahrnehmbar und doch so deutlich sichtbar, im Meer versinkt – traumhaft. Dazu das Spiel der Wolken, einmalig, jeden Abend anders, der Mond mit seinem ewigen Rhythmus von Zu- und Abnehmen und natürlich der Klang der Wellen, mal plätschernd verspielt, mal bedrohlich und düster. Kaum ein Ort in der Natur zeigt sich in so vielen Silhouetten wie das Meer an Strand und Küste.

Idee 85: Hinzu kommen die Aktivitäten, die Sie dort auch abends und nachts unternehmen können: Schwimmen, wandern, joggen, Ball spielen, schnorcheln, tauchen, im Sand buddeln und Burgen bauen, ein Lagerfeuer machen (wo erlaubt), Geschichten erzählen und vielleicht sogar (wo erlaubt) am Strand übernachten, unterm Sternenhimmel versteht sich.

Idee 86: VÖGEL BEOBACHTEN

Die Nordseeküste ist ein Magnet für Vogelbeobachter, suchen doch jährlich rund 10 Millionen Vögel im weichen Boden des Wattenmeers nach Nahrung (Muscheln, Würmer, Krebse). Das geht nur bei Ebbe – und da sich die Gezeiten nicht an den Tag-Nacht-

Wichtig:

Halten Sie sich bitte fern von den Vögeln. Sie können nur während der Ebbe fressen – und brauchen im Sommer noch mehr Ruhe, da der Gefiederwechsel ansteht. Jede Störung bedeutet energiefressendes Auffliegen. Genießen Sie einfach die Atmosphäre am Meer, das leise Plätschern, die fernen Vogelstimmen – können Sie einzelne Arten heraushören?

Rhythmus halten, fressen die meisten Watvögel wie Austernfischer, Knutt und Co. im Takt von Niedrig- und Hochwasser. Bei Ebbe sind sie draußen auf dem Watt, bei Flut auf den Wiesen hinterm Deich.

ES LEUCHTET IM SAND

Im Hochsommer gibt es nicht nur die meisten Tiere, auch die Algen verzeichnen Höchstbestände. Dazu gehören die Dinoflagellaten, einzellige Mikroorganismen. Sie leuchten bei Berührung, ähnlich wie Glühwürmchen, allerdings senden sie nur kurze Lichtpulse statt Dauerlicht aus. Die kleinen Dinoflagellaten schweben nicht nur im Meer (und leuchten mit den Wellen), sondern befinden sich auch zwischen dem feinen Sand. Beim Spaziergehen entlang der Wasserlinie geben sie bei jedem Schritt kleine Lichtpulse – sehr fein und gewiss keine optische Täuschung!

→ Der König der Wachteln

❱ **In den Marschen und Wiesen** der Niederungslandschaften ist ein ganz besonderer Vogelkerl zu Hause, der Wachtelkönig. Er sieht so ähnlich wie eine Wachtel aus, ist nur etwas größer – vielleicht darum sein Name »Wachtelkönig«. Er lebt versteckt, zeigt sich kaum, dafür können Sie ihn bis Mitte Juli hören: *Crex crex* – so lautet sein wissenschaftlicher Name und so krächzt er auch, von etwa 22 Uhr bis zum Sonnenaufgang, eintönig, pausenlos, wie wenn Sie mit Ihrem Daumennagel über die Zinken eines großen Kamms streichen, aber viel lauter. Schon im August/September ist er wieder weg, auf dem Weg nach Südafrika, wo er den Winter verbringt.

Herbstnächte

Spürbar länger werden nun die Nächte; besonders um die Herbst-Tagundnachtgleiche nehmen die dunklen Stunden im Siebenmeilenstiefeltakt zu – wie gut, denn nun leuchten Kürbisgeister und Laternenlichter umso schöner! Da die Tiere den reich gedeckten Herbsttisch vor der harten Winterzeit so richtig ausnutzen, verlagern manche nachtaktiven Tiere – Fledermäuse etwa - den Beginn ihrer Nahrungssuche in die noch hellen Abendstunden. So werden Abend- und Nachtabenteurer gleich auf doppelte Weise belohnt, die Nacht beginnt früher und bietet bei Taghelle schon die ersten Nachttier-Erlebnisse.

ERLEBNIS HERBSTNACHT

Still und warm, stürmisch und kalt, regnerisch und feucht, nebelig und trist – so unterschiedlich können Herbstnächte sein. Doch immer ist auch nachts spürbar, dass der Sommer vorbei ist: Abends wird es von Tag zu Tag merklich früher dunkel, nochmals um eine Stunde forciert, wenn am letzten Oktoberwochenende die Uhr von der Sommer- auf die Winterzeit umgestellt wird, die ja für uns die eigentlich »richtige« Mitteleuropäische Zeit MEZ ist. In dieser einen Nacht der Zeitumstellung ist der Tag genauso lang wie in unserer inneren Uhr – 25 Stunden. Darum tut uns diese gewonnene Stunde gut – und so genießen Sie diesen Sonntagmorgen ganz besonders. Doch dann locken die Herbstnächte wieder nach draußen.

Idee 87: Wenn Sie im Sommer noch nicht dazu gekommen sind, Fledermäuse zu beobachten, ist jetzt eine ungemein günstige Zeit dafür (siehe auch Kasten S. 92): Die anstrengende Zeit der Wochenstuben (so nennen Biologen die Gemeinschaften aus Eltern und Jungtieren) ist vorbei, und die Fledermäuse schlagen sich so richtig die Bäuche mit Insekten voll, von denen es im September – wie günstig – auch die meisten gibt. Da die Nächte schier zu kurz sind für die ausgiebigen Jagdtouren vor dem Winterschlaf, weiten viele Fledermäuse die Jagdzeiten einfach auf die letzten Stunden mit Tageslicht aus.

Nur wasserscheu sind die fliegenden Kobolde der Nacht: Fällt auch nur ein Tröpfchen Wasser vom Himmel, so bleiben die Tiere in ihrem Tagesversteck und verschieben das Fressen auf die nächste Nacht. Sie merken: Bei Regenwetter müssen Sie nicht raus, um Fledermäuse zu beobachten. Mitte Oktober wandern die Fledermäuse in ihre Winterquartiere, in

Was tun, wenn Sie im Herbst einen Igel finden?

❯ **Alljährlich stellt sich mancher diese Frage.** Die Igeljungen werden meist im August geboren (Geburtsgewicht 20 g) und sind erst Ende September/im Oktober selbstständig. In dieser kurzen Zeit müssen sie mächtig futtern, um bis Anfang November das notwendige Überwinterungsgewicht von 500 g (besser 700 g) zu erreichen. Ist ein gefundener Igel leichter, verletzt oder offensichtlich krank, so können Sie ihm helfen: mit Futter (spezielles Igelfutter aus dem Zoofachhandel oder Katzenfeuchtfutter), Wasser (keine Milch!) und einer kühlen Unterkunft im Schuppen, der einen freien Zugang nach draußen hat. Am besten wenden Sie sich an den örtlichen Naturschutzverband, wo Sie erfahren, wie Sie den kleinen Stachelkerl über den Winter bekommen.

denen sie bis zum Frühjahr mit abgesenkter Körpertemperatur, verlangsamtem Herzschlag und verminderter Atemfrequenz Winterschlaf halten. Schlaft gut, liebe Fledermäuslein!

Idee 88: NATUR ERLEBEN IM HERBST

Lautes Getöse und Gekrächze am Himmel macht Sie abends auf die Krähen (im Süden Deutschlands meist Rabenkrähen, im Norden hingegen Saatkrähen) aufmerksam, die nun aus großen Gebieten herbeifliegen und gemeinsam in wahren Scharen zu den Schlafbäumen ziehen. Doch bevor sich die lautstarke Krähenschar niederlässt, zieht sie am Himmel aufgeregt große Kreise, scheinbar orientierungslos mal hier-, mal dorthin. Glücklich der

Mensch, der nicht in unmittelbarer Nachbarschaft zu den Schlafbäumen dieser Krähengesellschaften wohnt. Krähen scheinen im Winter »Eulen« (»Eulen« nennt man Menschen, die gern nachts wach sind, während »Lerchen« Frühaufsteher sind) zu sein, denn in den Bäumen lärmt es die ganze Nacht. Vielleicht erzählen sich die Krähen auch nur gegenseitig von den Abenteuern des letzten Sommers, wer weiß … So oder so – die Krähen sind ein herrliches Herbst-Nacht-Erlebnis!

Gute Plätze zum Fledermäusebeobachten

◗ Baumalleen
◗ beleuchtete Straßen und Wege in Waldnähe
◗ Parks mit lockerem Baumbestand
◗ ruhig strömende Gewässer mit Ufervegetation
◗ Teiche, Weiher und Seen
◗ Waldränder und Waldwege

ERLEBNISSE IN HERBSTNÄCHTEN

Auch in den Wäldern, in denen es Rothirsche gibt, und in Wildgehegen ist nun der Teufel los: Am lauten Röhren der Hirsche erkennen Sie, dass nun bei den größten heimischen wild lebenden Paarhufern die Paarungszeit beginnt. Röhrend demonstriert das kapitale Hirschmännchen wie toll, stark und mutig es ist – nur dann hat es überhaupt eine Chance. Jüngere Männchen lassen sich davon einschüchtern, ebenso kapitale Hirsche wagen den Zweikampf im Geweih-Hakeln. Der Schwächere wird auf den Boden gedrückt und hat verloren, der Stärkere übernimmt das Rudel und darf sich mit den Weibchen paaren. Weil die Paarungszeit für Hirsche sehr anstrengend ist und sie oft wochenlang kaum zum Fressen kommen, schaffen es nur die Männchen in den besten Jahren zum Rudelführer.

Idee 89: Die Abenddämmerung ist die beste Zeit zum Röhren-Hören. Fragen Sie den Förster, er kennt die Plätze, an denen sich die Hirsche nun treffen.

WENN SICH DER HIMMEL ROT VERFÄRBT

Zu den schönsten Stunden am Tag gehört die Zeit um den Sonnenuntergang, wenn sich die Sonne als rot glühende Riesenkugel stimmungsvoll dem Horizont nähert und dabei Himmel und Wolken in wärmste Rot-, Violett-, Orange- und Gelbtöne färbt. Kindern sagt man gern, nun würden die Engel im Himmel Plätzchen backen – für Bauern war »Abendrot, gut Wetterbot«, während man auf See »Abendrot macht Seemann tot« mutmaßte. So oder so – für Sie bieten sich rund um Sonnenuntergang (und -aufgang) herrliche Momente draußen und neben einigen Naturphänomenen auch die Gelegenheit für tolle Fotos.

Es ist Foto-Zeit: Abend- und Morgenrot liefern verlässlich tolle Motive für Bilder – egal, ob Sie gerade am Meer, im Gebirge oder in einer Stadt sind.

Idee 90: BEOBACHTUNGEN, WENN SICH DER TAG NEIGT:

▌ Abendrot setzt ein, wenn die Sonne untergegangen ist, Morgenrot etwa eine halbe Stunde vor Sonnenaufgang.

▌ Nur in die rote, tief am Horizont stehende Sonne können Sie direkt mit bloßem Auge schauen.

▌ Obwohl die Sonne so viel größer ist als der Mond, erscheinen Mond und Sonne aufgrund der unterschiedlichen Entfernungen zur Erde gleich groß: Beide »Scheiben« haben durchschnittlich einen Durchmesser von 32 Bogenminuten. Nur deshalb kann es überhaupt eine Sonnenfinsternis geben.

▌ Bei Auf- und Untergang erscheinen Mond und Sonne riesig.

▌ Mond- und Sonnen-«Scheibe« erscheinen oben und unten abgeplattet als Folge von Refraktion (Lichtbrechung durch Atmosphäre) – keine optische Täuschung!

Wieso wirkt die Sonne in Horizontnähe viel größer? Das ist eine optische Täuschung. Wenn Sie den Durchmesser der Sonne im Tages- oder Nachtlauf messen, stellen Sie fest, dass er stets gleich bleibt. Das gilt auch für den Mond. Optisch lassen wir uns dadurch täuschen, dass wir den Himmel über uns nicht als Halbkugel empfinden, sondern als Gewölbe, das zum Horizont hin weiter ausgedehnt ist als zum Zenit. Dadurch wirkt der Himmel zum Horizont hin scheinbar abgeflacht. Wegen dieser Abflachung erscheinen uns Sonne und Mond am Horizont viel weiter weg, als wenn sie im Zenit stehen. Da beide »Scheiben« aber stets dieselbe Größe haben, empfinden wir die Scheibe von Mond und Sonne am Horizont als größer als bei ihrem Höchststand am Himmel.

Idee 91: Die scheinbare Abflachung des Himmels können Sie leicht mit einem Blick zum Himmel prüfen: Ein Stern, der scheinbar im Zenit steht, befindet sich tatsächlich viel tiefer – drehen Sie sich einfach mal mit dem Rücken zu jenem Stern und schauen Sie ihn an. Stünde er im Zenit, müssten Sie stets gerade nach oben schauen, um den Stern zu sehen. Das tun Sie aber nicht, oder?

Idee 92: Und noch etwas: Betrachten Sie einmal den Mond nicht im Stehen, sondern gemütlich auf einer Liege liegend. Er sieht viel größer aus …

Idee 93: FOTOTIPPS FÜR ABENDROTSTIMMUNGEN

▌ Wählen Sie als Vordergrund einen Teich, See oder das Meer, auf dessen Wasserfläche sich Sonne und Abendrot spiegeln.

▌ Fotografieren Sie eine silhouettenreiche Land-schaft (großer Baum, Kirchturm, Häuserdächer, Berggipfel) als Scherenschnitt vor dem rot-bunten Himmel.

▌ Wolken hier und da am Himmel verstärken den Effekt des Abendrots, denn auch die weißen Wolken werden bunt – das sieht fast noch schöner aus als ein wolkenloser Abendhimmel.

▌ Fotografieren Sie nicht nur das Abendrot in Richtung Westen, sondern auch Siedlungen und Landschaften im Norden, Osten und Süden. Dort beginnt schon die Nacht, wenn der Westhimmel noch rot ist.

▌ Nutzen Sie, sofern vorhanden, die Motivprogramme Ihrer Kamera für Sonnenauf- und -untergang. Oder unterbelichten Sie um zwei Blenden.

Abgeplattet sieht sie aus, als würde Gott mit seinem dicken Daumen die Sonne unter den Horizont drücken – doch das ist Erdenphysik!

Wie entstehen Abendrot und Morgenrot?

❯ **Im Grunde** genauso wie die blaue Farbe unseres Himmels, sagen Physiker. Luft ist ja kein leerer Raum, sondern gefüllt mit meist unsichtbaren Gas- und Flüssigkeitsteilchen (Stickstoff, Sauerstoff, Wasser), manchmal auch mit festen Schwebteilchen wie Asche (etwa nach einem Vulkanausbruch, der zu besonders intensivem Abend- und Morgenrot führt). Diese streuen das in die Erdatmosphäre eindringende Sonnenlicht – und weil kurzwelliges blaues Licht stärker gestreut wird als langwelliges rotes, ist der Himmel tagsüber blau. In Horizontnähe ist der Weg des Lichts durch die Atmosphäre (mehrere Hundert Kilometer) länger als am Himmelszenit (10 bis 20 Kilometer) – nun kommen am Erdboden (wo Sie stehen) hauptsächlich die roten Farbanteile des Sonnenlichts an.

VON WEGEN BLUTSAUGER

Völlig harmlos sind die etwas über 20 Fledermausarten, die bei uns heimisch sind: Keine einzige saugt Blut so wie die in Mittel- und Südamerika lebenden Vampirfledermäuse, die meist nur Rinder und nur ausnahmsweise mal einen Menschen anzapfen. Die hier lebenden Fledermäuse sind erstaunlich klein – die größten (Mausohr) sind gerade mal so groß wie ein Star – und futtern nachtaktive Insekten (es sei denn, ein kleiner Fisch gerät in die Fänge der Wasserfledermaus). Ihre Beute finden sie mit einem verblüffenden Trick, den auch Delfine beherrschen: Sie stoßen laute, hochfrequente Schreie aus, die für unsere Ohren nicht hörbar sind. Diese Rufe werden von Hindernissen und Beutetieren zurückgeworfen, und das Echo wird von den ultrafeinen Ohren der Fledermäuse wahrgenommen, deren Verschaltungen im Gehirn daraus ein akustisches Bild der Umgebung machen. Das ist Echoortung.

Idee 94: Da jede Fledermausart auf arttypische Weise ruft, können Sie mithilfe eines Bat-Detektors nicht nur die Ultraschalllaute hörbar machen, sondern auch die verschiedenen Arten bestimmen (so-

Dort, wo der Speisetisch so richtig üppig mit Insekten gedeckt ist, sind jetzt im Herbst die Fledermäuse nicht weit. Bald geht es ins Winterquartier und bis dahin müssen die Fettpölsterchen angefuttert sein.

Jahreslauf bei den heimischen Fledermäusen

- ❧ **Bis März:** Winterschlaf
- ❧ **April/Mai:** fressen, fressen, fressen
- ❧ **Juni/Juli:** Geburt der Jungen in Wochenstuben
- ❧ **August:** Paarung
- ❧ **September:** fressen, fressen, fressen
- ❧ **Oktober:** Wanderung in die Winterquartiere (bis zu 1000 km)
- ❧ **Ab November:** Winterschlaf

fern Sie die Stimmen kennen, aber das ist bei der Artbestimmung nach dem Gesang bei Vögeln ja genauso). Es erfordert ein bisschen Übung, aus den knatternden Geräuschen die Rufreihen der Fledermäuse zu erkennen, vor allem weil wir Menschen nicht die Gehörtüchtigsten sind.

So wie Sie auch im Dunkeln durch Ihre Wohnung finden, ohne sich anzustoßen, haben auch Fledermäuse ein Bild von ihrer Umgebung gespeichert. Echoortung funktioniert nur mit leerem, aber offenem Maul – wenn eine Fledermaus ihre Beute frisst (was sie meist fliegend tut), ist sie im Blindflug unterwegs. Das können Sie etwa beobachten, wenn im Jagdrevier einer Fledermaus ein Baum gefällt wurde: Sie umkreist den Baum aufgrund ihres abgespeicherten Bildes, obwohl es ihn gar nicht mehr gibt. Beim Überfliegen von Straßen wird diese blinde Orientierung für Fledermäuse leider häufig zur Falle: Weil diese als hindernislose Freiflächen abgespeichert sind, lassen sie die Echoortung ausgeschaltet und enden dann immer wieder am Kühlergrill vorbeifahrender Autos.

WHO IS WHO?

Bei abendlichen Beobachtungen in Ihrem Garten treffen Sie meist auf Zwergfledermäuse, im nördlichen Deutschland auch auf Breitflügelfledermäuse. Daran, wie und wo eine Fledermaus jagt, können Sie rasch erkennen, welche Art Sie gerade beobachten. **Idee 95:** Haben Sie eine Fledermaus entdeckt, so achten Sie auf deren Flugstil. In großen Höhen jagen die wendigen Abendsegler, Wasserfledermäuse hingegen fliegen dicht über der Wasseroberfläche – das tun sonst keine anderen heimischen Fledermausarten. Während Hufeisennasen an einem Ast hängend auf vorbeifliegende Insekten lauern, sammeln Graue Langohren wie ein Kolibri in der Luft stehend Insekten von Blättern ab; Große Mausohren ergreifen Laufkäfer fliegend vom Boden. Zwergfledermäuse umkreisen gern Straßenlaternen.

Dicht gepackt mögen es Fledermäuse (hier Große Mausohren in der Wochenstube) am liebsten. Finden Sie eine verletzte, setzen Sie sie nicht in eine Schachtel, sondern wickeln Sie sie in ein Tüchlein ein. Dann geht es zum örtlichen Naturschutzbund.

ZWERGFLEDERMAUS

Nur so lang wie ein Streichholz und so schwer wie ein Stück Würfelzucker (4–8 g) ist diese fast kleinste, aber auch häufigste und am weitesten verbreitete Fledermausart Europas. Flügelspannweite bis zu 25 cm. Dennoch hat dieser Winzling ordentlich Hunger und verputzt jede Nacht bis zu 1000 Stechmücken. Die Zwergfledermaus, *Pipistrellus pipistrellus,* lebt überall, in Dörfern und Städten, in Wäldern, Fels- und Flusslandschaften. Sie verbringt die Sommertage in engen Spalten an Gebäuden, hinter Fensterläden, in Efeuranken und dicht belaubten Bäumen. Bei der Jagd auf Fluginsekten (vor allem Mücken) umkreist sie gern Straßenlampen. Zwergfledermäuse können Sie hören, denn einige Lautelemente ihrer Sozial- und Ortungsrufe liegen im für uns hörbaren Bereich und klingen wie Zwitschern. Die Winterquartiere befinden sich hinter Hausverkleidungen, in Fels- oder Mauerspalten.

BREITFLÜGELFLEDERMAUS

Vor allem in Norddeutschland ist die bis zu 8 cm lange und bis zu 35 g schwere Breitflügelfledermaus, *Eptesicus serotinus,* die häufigste Gebäude bewohnende Fledermausart. Sommertage verbringen die Tiere in engen Hohlräumen an Dach und Giebel. Eine halbe Stunde vor dem abendlichen Ausfliegen hören Sie das laute Zwitschern der Fledermäuse in ihrem Quartier. Ihr bevorzugtes Jagdgebiet sind Parkanlagen und Alleen, auch über Rinderweiden, Wiesenflächen und Obstgebieten und um Straßenlampen können Sie jagende Tiere beobachten. Auffallend ist ihr langsamer, bedächtiger Flug mit weiten, runden Kurven in Baumnähe. Breitflügelfledermäuse erbeuten Schmetterlinge und Käfer im Flug oder sammeln sie von Boden und Blüten auf. Manchmal sind dann kurze, sehr laute, schrille Rufe zu hören. Wo Breitflügelfledermäuse den Winter verbringen, wissen wir kaum.

WASSERFLEDERMAUS

Besonders große Füße besitzt die bis zu 15 g schwere Wasserflügelmaus, *Myotis daubentonii* (Flügelspannweite bis zu 27,5 cm), denn bei der Jagd zieht sie größere Beutetiere (kleine Fische, aufs Wasser gefallene Schmetterlinge und Käfer) mit den Füßen aus dem Wasser. Kleinere Nahrungstiere (frisch geschlüpfte Insekten, Fluginsekten und kleine Falter) keschert sie hingegen mit ihrer Schwanzflughaut. Sehen Sie eine Fledermaus dicht über der Wasseroberfläche jagen, so ist es eine Wasserfledermaus. Wasserfledermäuse brauchen wasserreiche Lebensräume, wegen ihrer Vorliebe für Baumhöhlen sind sie in Auwäldern und an Altwasserarmen am häufigsten. Auch unter Brücken oder in zugänglichen Abwassersystemen verbringen sie die Sommertage. Ihr Winterquartier liegt in Naturhöhlen, Eisenbahntunnels und Kellern. Sind Sie an einem Gewässer, achten Sie auf diese Tiere.

GROSSER ABENDSEGLER

Sichten Sie eine Fledermaus, die pfeilschnell hoch über den Bäumen jagt, so ist das ein Abendsegler, *Nyctalus noctula*. Im Sommer mischt er sich auch unter jagende Mauersegler (und fliegt dann ebenso wendig) oder jagt auch bei Tageslicht Nachtfalter und größere Fluginsekten, die er fliegend frisst. Der starengroße Abendsegler hat Flügelspannweiten von bis zu 46 cm und wiegt bis zu 30 g. Bis zu 60 Stundenkilometer erreicht diese schnellste heimische Fledermausart, die ihre Jagdflüge sogar bei leichtem Regen noch fortsetzt (sofern noch Beutetiere fliegen). Sie besiedelt abwechslungsreiche Wald- und Wiesenlandschaften mit Gewässern (See, Teich), meidet aber höhere Berglagen. Sein Sommer- und Winterquartier bezieht der Abendsegler fast ausschließlich in Baumhöhlen (alte Spechthöhlen), nimmt aber auch spezielle Nistkästen an. Wird bei Fällungen immer wieder zum Opfer.

FASZINATION MOND

Schon mit bloßem Auge erkennen Sie auf dem Mond Einzelheiten der Oberfläche, die mal als Mann, mal als Gesicht oder Hasen gedeuteten Mondflecken etwa und die vielen Krater. Auch eine Mondfinsternis sehen Sie ohne optische Hilfsmittel mit Ihren Augen. Fantastisch, wenn der Mond von einem Lichtring (Halo) umgeben ist! Das alles dürfen Sie sich nicht entgehen lassen – zumal der Mond so ein dankbarer, geduldiger Himmelskörper ist, der das ganze Jahr über fast immer am Nacht-

himmel zu sehen ist, wenn auch manchmal nur kurz und bei bewölktem Wetter leider gar nicht.

Idee 96: MONDBEOBACHTUNGEN BEI HALBMOND

Plastisch wirken die Krater an der Tag-Nacht-Grenze, denn dort zeichnen Licht und Schatten die ringförmigen Wälle an den Kraterrändern deutlich nach. Werfen Sie auch einen Blick ins Zentrum der Krater – manche besitzen einen zentralen Berg, der dann gut sichtbar wird.

Mit dem Fernrohr lassen sich Details auf der Mondoberfläche erkennen, auch Planeten wie Venus, Mars, Jupiter und Saturn können Sie im Fernrohr als Scheibchen und sogar mit deren Monden entdecken.

Besonders schön ist der etwa 850 Millionen Jahre alte Mondkrater Copernicus, relativ zentrumsnah auf halb elf (Blick mit dem bloßen Auge oder Fernglas). Er ist im Vergleich zu den meisten anderen Kratern noch recht jung. Daher wirken seine ca. 4 km hohen Ränder noch ziemlich glatt und frisch – in seinem Zentrum gibt es sogar mehrere Zentralberge, die bei Halbmond lange Schatten auf den Kraterboden werfen.

Haben Sie auch schon die strahlenförmigen Strukturen um manche Krater entdeckt, etwa um den riesigen Krater Tycho auf sieben Uhr? Tycho ist bei einem Alter von rund 100 Millionen Jahren noch jünger als Copernicus und der jüngste größere Krater des Mondes. Sein Kraterrand ist ca. 4500 m hoch, die Strahlen reichen viele tausend Kilometer weit.

Idee 97: MONDBEOBACHTUNGEN IM ERDSCHEIN

Auch die unbeleuchtete Mondoberfläche, die im Schatten liegt, können Sie sehen, denn sie schimmert in einem fahlen aschgrauen Licht. Das ist der Erdschein (auch Erdlicht genannt), denn die Erde reflektiert das Sonnenlicht und wirft es auf die Mondoberfläche. So können Sie Krater, »Meere« und andere Einzelheiten auch auf der im Schatten liegenden Mondoberfläche mit dem Fernglas erkunden – am besten, wenn die Mondsichel ganz schmal ist – also in den Tagen vor und nach Neumond.

Haben Sie gewusst,
dass auf dem Mond »Vollerde« herrscht, wenn bei uns Neumond ist? Die Vollerde scheint am Mondhimmel fast 100-mal heller als der Vollmond am irdischen.

MIT DEM FERNROHR BEOBACHTEN

Viele Details auf der Mondoberfläche können Sie mit dem bloßen Auge erkennen, mehr sehen Sie allerdings durch ein Fernrohr oder den Feldstecher. Günstig ist ein Stativ, weil das ruhige Halten von optischen Geräten mit mehr als zehnfacher Vergrößerung kaum mehr möglich ist. Quer über den Zenit von Nordost nach Südwest (im September) und Ost nach West (im November) zieht die Milchstraße, ein milchiges Sternenband aus Milliarden Sonnen, die alle zu unserer Galaxie gehören.

Abnehmend – zunehmend?

) Bei abnehmendem Mond bildet die Mondsichel ein kleines *a*.
) Bei zunehmendem Mond bildet die Mondsichel ein *z* aus der deutschen Sütterlinschrift.

GEISTERSTUNDE … AUF DEM FRIEDHOF

Es gibt kaum einen spannenderen Ort für eine Nachtwanderung als den Friedhof. Besonders alte Fried- und Kirchhöfe mit efeuüberwucherten Grabsteinen, Steinkreuzen und -engeln, mit alten Bäumen, dichten Gebüschen und lauschigen Ecken versprechen Nervenkitzel pur. **Idee 98:** Allein deshalb lohnt sich ein nächtlicher Besuch auf den Friedhöfen Ihrer Siedlung. Auf einem Friedhof geht es ruhig zu, wie verzaubert bleiben die Geräusche der Stadt vor den Toren hängen und haben keinen Einlass in die Stille dieses würdigen Platzes. Dieser Eindruck ist besonders stark bei Nacht.

Dass es sich auf einem Friedhof gut und ungestört leben lässt, haben auch viele Tiere entdeckt. Und so verwandeln Eichhörnchen, Füchse, Igel und Co. den Lebensraum Friedhof in eine lebendige Naturoase. Natürlich verhalten Sie sich auch nachts dem Ort Friedhof entsprechend, schließlich ruhen dort unsere Ahnen. Daher bewegen Sie sich ruhig und ehrfurchtsvoll und achten die Würde der Menschen, die dort bestattet sind. Das hat den großen Vorteil, dass Sie die vielen Tiere, die den Friedhof als wertvollen Lebensraum angenommen haben, nicht so rasch in die Flucht jagen wie beim üblichen lauten und hektischen Gang durch Stadt, Wald, Feld und Wiese.

Wundern Sie sich nicht, dass alte Friedhöfe oftmals höher liegen als die dazugehörige Kirche – das liegt an den vielen Gräbern, die dort im Lauf der Jahrhunderte die Erde erhöht haben.

Setzen Sie sich auf eine Bank, entspannen Sie sich und laden Sie in Gedanken die Nachttiere ein, sich Ihnen zu zeigen: Vielleicht haben Sie Glück und ein Fuchs streift vorbei, Steinmarder (oder Baummarder, je nach Lage des Friedhofs) jagen sich im fröhlich-frechen Spiel, ein Igel kommt laut schmatzend vorbei, Fledermäuse haben das Licht der angrenzenden Straßenlampe als Jagdrevier erkannt, eine Haselmaus klaut Nüsse vom Busch, eine Waldohreule landet lautlos in der Krone einer alten Eiche. Und über alldem liegt der Zauber der Nacht, schweben die vielen Lebensgeschichten der Menschen, die in ihren Gräbern ruhen. Tief berührt das unser Herz, unsere Seele.

Friedhöfe anderswo

Überall auf der Erde sterben jedes Jahr viele Menschen und werden auf Friedhöfen bestattet. Die Art, wie diese Gräber aussehen, ist in jeder Region anders. **Idee 99:** Besuchen Sie an jedem Urlaubsort auch den Friedhof. Er gibt Ihnen Einblicke in einen ganz besonderen Aspekt der Kultur und zeigt Ihnen, wie tief verwurzelt es in uns Menschen ist, unserer Ahnen zu gedenken.

Im »Kuwitt« des Steinkauzes hörten die Menschen früher den Tod, der Kranken zurief: »Komm mit!«

Kürbislichter gehören zu Halloween, einer modernen Form des keltischen Samhainfestes.

IM MORGENNEBEL

Die Wiesen und Waldlichtungen noch versunken in Dunst, den die Nacht gewoben hat, Baumkronen tauchen spukhaft aus dem Nebelmeer auf, wie Inseln, an die die Wogen schäumen. Der Morgennebel mit seinen sanften Schleiern regt die Poesie an, weckt solche Bilder auf, wie sie Eduard Stucken (1865–1936) in seinem Gedicht Morgennebel beschreibt. **Idee 100:** Gehen Sie hinaus an einem solchen Morgennebelmorgen, bevor sich die Sonne erhoben hat, und lassen Sie sich inspirieren zu poetischen Bildern. Vielleicht mögen Sie ja sogar ein paar Zeilen in Gedichtform verfassen, die diese Stimmung in Worten festhalten.

Idee 101: Und wenn Sie dazu keine Lust haben, dann schauen Sie sich um: Wie viel Wasser die Luft bei uns enthält, wird morgens am besten sichtbar. Wenn kurz vor Sonnenaufgang die Temperatur im Tageslauf ihren Tiefpunkt erreicht hat, kondensiert der in der bodennahen Luft enthaltene Wasserdampf und überzieht als Tau – bei Temperaturen unter null auch als Raureif – Blätter, Rasen, Wiesen und Autoscheiben. Manchmal hängt der Morgennebel über den Wiesen wie ein sanfter Schleier.

Spinnenbeobachtungen

❭ Auch auf den feinen Netzen der Spinnen sammeln sich die kleinen Wassertropfen des Morgentaus und machen sie sichtbar – insbesondere die waagrechten Netze der Baldachinspinnen: Haben Sie jemals gedacht, dass auf den Wiesen- und Rasenflächen, auf Hecken und Sträuchern so viele Spinnen leben? Zählen Sie einmal, wie viele Netze es sind – auf einem Quadratmeter Wiese, auf einem Laufmeter Heckenstreifen. Erstaunlich, nicht wahr?

❭ Spinnen sind erfolgreiche Jäger – und das seit schon über 300 Millionen Jahren. In dieser langen Zeitspanne haben sie so ziemlich alle Jagdstrategien entwickelt, zu denen man als flügelloses Tier fähig ist, und dabei alle Elemente erobert – die Luft mittels filigraner Netze (Kreuzspinne, Zitterspinne und viele mehr) oder des Erklimmens von Blüten (Krabbenspinne), das Wasser mittels Tauchglocken (Wasserspinne) oder Laufen auf der Wasseroberfläche (Jagdspinne), den Boden sowieso.

❭ Nun sind Sie dran: Idee 102: Versuchen Sie, möglichst viele verschiedene Spinnennetztypen – und Spinnen – zu finden. Gerade bei Morgentau ist das recht einfach; an taulosen Morgen oder Abenden behelfen Sie sich mit einer mit klarem Wasser gefüllten Sprühflasche, mit der Sie Sträucher, Pflanzen am Wegesrand, Wiesen- und Rasenflächen fein besprühen. Der beste Ort für Ihre Suche ist eine von Büschen umgebene Wiese oder der Waldrand. Aber auch im Garten auf Beeten, zwischen Bäumen und Gebüsch werden Sie fündig.

Idee 103: Mit viel Glück beobachten Sie sogar, wie eine Kreuzspinne ihr Netz baut. Das tut sie jeden Tag, weil die klebrige Substanz auf den Fangfäden eintrocknet. Zuvor frisst sie das alte Netz auf, die enthaltenen Eiweiße sind wichtige Rohstoffe für die neuen Spinnfäden – die am Hinterende der Spinne sitzen. Schon gesehen? Und auch schon die acht Augen in arttypischer Anordnung am Vorderkörper?

GARTENKREUZSPINNE

Sie ist die bekannteste, aber nicht die einzige Art heimischer Radnetzspinnen. Typisch für die Garten-kreuzspinne ist das weiße Kreuz auf dem Hinterleib. Ihre großen filigranen Netze aus feinster Spinnseide hängen gern in den Büschen und Sträuchern am Wegrand, häufig auch dort, wo Straßenlampen be-sonders reiche Insektenbeute erwarten lassen. Kreuzspinnen halten sich stets in der Nähe ihres Netzes auf, oft sitzen sie in deren Mitte und lauern auf Beute. Die bleiben an klebrigen Fäden hängen, werden rasch von der Spinne mit einem giftigen Biss gelähmt und dann wie eine Mumie in einen Spinnfaden eingewickelt. An guten Tagen frisst eine Kreuzspinne rund drei fette Fliegen, sie kann aber auch einige Tage lang hungern. Spinnen haben nur ganz kleine Mundöffnungen. Das lähmende Gift verflüssigt auch das Innere des Beutetiers, das die Spinne dann nur noch aufsaugen muss.

WESPENSPINNE

Vielleicht unsere schönste heimische Spinne, die ur-sprünglich im Mittelmeergebiet ansässig ist und seit etwa 50 Jahren ganz Mitteleuropa erobert hat. Bei uns erreicht der Körper der Weibchen Längen von bis zu 1,5 cm, in Südeuropa sogar über 2 cm, wäh-rend die Männchen höchstens 6 mm lang werden. Die Wespenspinne, *Argiope bruennichi*, mit den markanten, namensgebenden gelben, weißen und schwarzen Streifen auf dem Hinterleib baut ihre großen Radnetze dicht über dem Boden, meist zwi-schen Grashalmen aufgespannt, auf feuchten Wie-sen, Trockenrasen und Ödland. Stehen die Gräser zu dicht, biegt sie störende Grashalme beiseite oder spinnt sie zusammen (danach Ausschau halten!). Da das Zentrum des Radnetzes mit einem dichten, weißen Gespinst überzogen ist, über und unter dem sich noch ein zickzackförmiges Gespinstband befindet, fallen die Netze schon von Weitem auf.

HAUSSPINNE

Gehören Sie auch zu den Menschen, die sich vor dieser größten heimischen Spinne fürchten? Eigentlich bewohnt die Hausspinne, *Tegenaria atrica*, die Keller unserer Häuser, auch Trockenmauern und felsige Gebiete. Dort baut sie in unzugänglichen Ecken ihre röhrenartigen Trichternetze, in denen sie den Tag verbringt. Erst nachts werden die Spinnen aktiv – während die größeren Weibchen meist in der Nähe ihrer Wohnröhre verbleiben, zieht es die Männchen in die Welt hinaus. Bessere Jagdgründe oder eine Partnerin sind das Ziel. Da Hausspinnen an glatten Wänden abrutschen und nicht mit Rettungsfäden aufwarten können, sind sie hilflos in Duschwannen, Waschbecken und Eimern gefangen. Nehmen Sie sich ein Herz und befreien Sie die harmlosen Spinnen. Zum Dank sorgt sie dafür, dass sich in Ihrem Keller keine ungewollten oder gar schädlichen Insekten breitmachen.

WEBERKNECHT

Keine echte Spinne, aber wie Skorpione und Milben ein Spinnentier! Das erkennen Sie auf den ersten Blick: Der Körper der Weberknechte besteht nur aus einem Teil (und nicht aus zwei wie bei den echten Spinnen) und am Hinterleib sitzen keine drei Paar Spinnwarzen. Folglich können Weberknechte auch nicht spinnen und keine Netze bauen. Während die echten Spinnen mehrere Augen besitzen, können Sie fast in der Körpermitte die beiden seitlich auf Augenhügel liegenden Punktaugen erkennen (Lupe rausholen). Die langen Beine brechen leicht ab und ermöglichen dem Tier die Flucht, wenn es von einem Vogel gepackt wurde. Weberknechte sind tag- und nachtaktiv. Blitzschnell fangen sie Insekten mit ihren langen Beinen, auch solche, die rasch vorbeifliegen. Beobachten Sie zwei kämpfende Weberknechte, so rangeln sich die beiden Widersacher wohl um ein Weibchen.

Winternächte

Kälte, Frost und manchmal auch Eis und Schnee haben die Winternächte voll im Griff, und die frühen Morgenstunden sind die kältesten Zeitfenster im Jahreslauf. Das Leben ruht, tags wie nachts – die Sträucher und Bäume sowieso und die Tiere tun nur das Nötigste, um zu überleben: Futtersuche ist das große Thema auch in Winternächten. Den-

noch können Sie schon tief im Winter die Boten des Frühjahrs hören: etwa in den nächtlichen Rufen des Waldkauzes. Da im Winter die Dunkelheit vorherrscht, wenden Sie sich nachts den Lichtern zu – den Sternen etwa, helle Sonnen ferner Welten – oder bringen Sie Licht nach draußen mit leuchtenden Kerzen.

ERLEBNIS WINTERNACHT

Im Winter gibt es einfach sehr viel Nacht! Für Nachtabenteurer beginnt nun deshalb die schönste Jahreszeit, denn niemals im Jahr sind die Nächte bei uns länger als im Dezember und Januar. Die kürzeste Nacht im Jahreslauf an der Wintersonnenwende um den 21. Dezember herum (Sonnenaufgang um 8.15 Uhr, Sonnenuntergang schon um 16.20 Uhr) feiern wir – so wie die Sommersonnenwende mit den Johannisfeuern – überall mit Lichtern: nicht mit offenen Holzfeuern, sondern mit Kerzen, Lichterketten und funkelnden Advents- und Weihnachtsdekorationen.

Idee 104: Nun sind Nachtwanderungen durch die weihnachtlich geschmückten Innenstädte und Wohngegenden besonders reizvoll, warten sie doch mit vielen dekorativen »Ah«- und »Oh«-Überraschungen auf. Und wenn dann noch Schnee liegt, der das Lichtermeer in einen sanften Schein einhüllt, herrlich für unsere Kinderseelen! Geht Ihnen jedoch der Konsum zu sehr auf die Nerven, so öffnen Sie Ihre Augen einmal nur für Lichter und Lämpchen und Kerzenschein. Und für die Architektur in den Straßen, die alten oder neuen Häuserfassaden, die Denkmäler und historischen Bauten.

Idee 105: LIEBER MEHR NATUR …

Ist Ihnen weniger nach Stadt und Zivilisation und vielen Menschen und mehr nach Natur und Ruhe zumute, dann ziehen Sie sich warm an – und starten Sie zu einer Hör-Exkursion in die nahe Umgebung! Nachts ist es draußen viel ruhiger als tagsüber, selten aber ganz still. Es gibt kaum einen Flecken bei uns, an dem Sie wie in einer Wüste gar nichts oder höchstens den Wind hören können. Ein Auto fährt vorbei, nah oder in der Ferne, ein Zug und selbst die in 10 km Höhe fliegenden Flugzeuge

Ja holla – ein Vogel singt bei Nacht?

❩ **Straßenlaternen** irritieren viele Nachttiere, nicht nur im Sommerhalbjahr die Nachtfalter und andere Nachtinsekten, die vom Licht angezogen werden und sich dessen Wirkung kaum entziehen können. Auch Vögel bringt das Licht durcheinander – und so können Sie im Licht der Lampen in Herbst- und Winternächten Rotkehlchen singen hören. Dazu verlassen unsere beliebtesten Vögel den sonst angestammten Bodenraum und suchen, wegen der Kälte zu einer hübschen Federkugel aufgeplustert, höher gelegene Plätze auf, in Sträuchern und Baumkronen etwa.

machen sich durch ein zischendes Rauschen bemerkbar.

Bei Dunkelheit, in der die Augen so gut wie nichts mehr nutzen, wird der Hörsinn ungemein schärfer. Schließen Sie die Augen und erfassen Sie einmal, welche Geräusche Sie wahrnehmen, woher sie kommen und: Wer hat sie verursacht? Bei Wind rascheln die Blätter in den Bäumen und Sträuchern, bei Regen tropft oder klatscht Wolkenwasser auf Pflanzen, Gebäude, parkende Autos und den Boden. Sie hören, ohne zu sehen, wie stark er ist. Schneit es gar, scheinen viele Nachtgeräusche eigenartig verschluckt zu sein.

NATUR ERLEBEN IM WINTER

Rotfüchse paaren sich nur einmal im Jahr – und zwar jetzt! Das ist gar nicht so einfach, da Füchse das Jahr über als Einzelgänger allein in ihrem Revier leben. Nun müssen sich Männchen und Weibchen, besser gesagt Rüde und Fähe, finden – und das tun sie mittels Duftsignalen, Urin etwa. Hat ein Rüde den Duft eines Weibchens aufgenommen, so können Sie ihn drei- bis fünfmal heiser bellen hören, »wow-wow-wow« oder »wow-wow-wow-wow-wow«, manchmal folgt noch ein Kreischen. Ranzbellen nennen Biologen diese Fuchslaute der Wintermonate. Schon mal gehört? Auch ein lang gezogenes, klagendes »Waaah«-Schreien stammt von Füchsen in Paarungsstimmung.

Unterhaltung auf Füchsisch geht so: Hin und her rufen sich die beiden Tiere ein lang gezogenes »Wau« über weite Entfernungen zu, jeder Fuchs mit seiner ganz individuellen Stimme. Treffen sich die beiden Tiere, so können Sie auch hühnergluckende Laute wahrnehmen. Und weil es Rotfüchse bei uns überall gibt, haben Sie die Chance auf diese nächtliche Lautpalette quasi überall. Sperren Sie die Ohren auf für Fuchstöne!

Wenn es draußen richtig kalt und unwirtlich ist, bleiben Dachse in ihrem kuscheligen Untertagebau. Nur hin und wieder trollt sich einer nach draußen, vielleicht um eine Kleinigkeit zu schnabulieren oder aufs Klo zu gehen. Ergo: Wenige Chancen für Dachsbegegnungen. Waschbären haben dieselben Wintergepflogenheiten, allerdings ruhen sie nicht unter-, sondern oberirdisch.

Dick in kuschelig warme Schals und Mützen eingepackt, Handschuhe nicht vergessen, macht ein Spaziergang durch die winterliche Nacht Freude. Und wenn die Kälte dann doch den Körper erreicht, geht es nach drinnen in die geheizte Stube.

DIE MEISTEN TIERE RUHEN NUN

Ansonsten sind die Nächte an Tieren ruhig geworden, kein Rascheln, kein Knacken, kein Huschen ist mehr zu hören. Die Spinnen, Insekten, Lurche, Reptilien ruhen vor Kälte erstarrt in Ritzen, Gängen, Höhlungen und anderen Verstecken. Siebenschläfer, Haselmaus, Igel und alle Fledermäuse halten Winterschlaf bei herabgesetzten Körpertemperaturen und reduzierten Atem- und Herzfrequenzen. Viele Singvögel sind schon lange fort, die winzigen Zaunkönige und Baumläufer kuscheln sich zu vielen zusammen, Meisen ziehen auch mal in Nistkästen und Spechthöhlen ein – anders würden sie Nächte mit Tiefgefrierfachtemperaturen nicht überleben.

Haben Sie gewusst,

dass wir Weihnachten wegen der Wintersonnenwende in der dunkelsten Zeit des Jahres feiern? Im Jahr 354 legte Papst Liberius das Weihnachtsfest auf den 25. Dezember, weil damals im römischen Reich an diesem Tag das Fest des Sonnengottes als Sieg der Sonne über die Dunkelheit gefeiert wurde. Schließlich sagte Jesus über sich selbst, er sei das Licht der Welt. Am 25. Dezember ist der Tag schon wieder ein paar Minuten länger als zur Wintersonnenwende – ein zartes Zeichen dafür, dass das Licht wiederkommt.

Schnee und Frost halten die Landschaft in ihrer eisigen Hand, wenig regt sich im Geäst der Bäume, in den struppigen Büschen und Kräutern. Für Pflanzen und Tiere heißt es nun jeden Tag aufs Neue: Überleben, auch diese Nacht noch!

Würde durch die Nord-Südachse der Erde eine lange Nadel gehen, würde sie im Norden ungefähr im Polarstern landen. Darum dreht sich der Sternenhimmel scheinbar um diesen Nordstern.

DEN SCHÖNSTEN STERNEN-HIMMEL DES JAHRES …

… gibt es im Winter. Wie wunderbar das prächtige Sternenmeer! Als ob uns die Erde für die langen Nächte im Winter ein kleines Geschenk machen wollte, vielleicht damit wir auch dann viel nach draußen gehen in die Kälte, in die Dunkelheit. Für die kleinen (und großen) Sterngucker ein Glück: Die Sonne geht schon am späten Nachmittag unter, und erste Sternerkundungstouren sind noch vor dem Abendessen möglich, sofern der Himmel sternenklar ist. Warm anziehen! Dicke Wollstrümpfe, Mütze, Schal und Handschuhe nicht vergessen.

Idee 106: WOHIN NUR SCHAUEN, OB SO VIEL STERNENLICHT?

Ein Blick nach Norden gilt dem Großen Wagen (kein Sternbild, sondern nur ein Teil des noch größeren Sternbilds Großer Bär) und dem Kleinen Bär mit dem Polarstern am »Schwanzende«, der wegen seiner Form auch gern »Kleiner Wagen« genannt wird. Okay, dort ist Norden.

Nun wenden Sie den Blick nach Süden, denn dort spielt die Sternenmusik im Winter: **Idee 107:** Das auffälligste unter den vielen auffälligen Sternbildern ist Orion. Seinen Namen hat es von Orion, dem großen Jäger der griechischen Sagenwelt. Die drei Sterne in der Mitte des Sternbildes stellen seinen Gürtel dar. Weil Orion in der Sage alle Tiere töten wollte, sandte die wütende Erdgöttin Gäa einen Skorpion aus, der Orion tötete. Damit sie sich nicht mehr begegnen, befinden sich die beiden Sternbilder an gegenüberliegenden Stellen am Himmel: Wenn Orion im Osten aufgeht, geht der Skorpion im Westen unter.

Von allen Sternbildern gibt es solch herrliche Geschichten. **Idee 108:** Nutzen Sie die langen Winterabende und -nächte, um diese Sagen und Mythen zu erkunden, zu lesen oder vielleicht sogar vorzulesen, zu zweit, in der Familie.

Doch noch ein wenig halten wir es draußen in der kalten Nacht aus, denn rechts oberhalb von Orion erkennen Sie das Sternbild Stier mit dem rötlich leuchtenden Aldebaran als hellstem Stern. Hoch oben am Himmel, man muss fast den Kopf in den Nacken legen, entdecken Sie das Sternbild Fuhrmann. Links von Orion steht das Sternbild Zwillinge mit den beiden etwa gleich hellen Sternen Kastor und Pollux. Dort in der Nähe finden Sie auch zwei helle Sterne, die einzeln stehen – Prokyon im Sternbild Kleiner Hund steht etwas höher, tiefer der Sternenstar des Himmels: Sirius (im Großen Hund) – der hellste Stern am Himmel!

DER HUNDSSTERN

Schon vor über 5000 Jahren kannten die Menschen in Altägypten den Stern Sirius. Wenn er zum ersten Mal im Jahreslauf am Morgenhimmel auftauchte, kündete er die bald eintretenden Hochwasser des Nils an – die den notwendigen Dünger auf die Felder und den Menschen reiche Ernten brachten. Weil mit dem Aufgang des Sirius auch die größte Sommerhitze in Ägypten begann, nannten die Menschen diese Zeit auch »Hundstage« und Sirius den Hundsstern.

✳ Planeten-Sichtung

❯ **Die Planeten sind keine Sterne,** sondern umkreisen als nichtleuchtende Himmelskörper wie die Erde die Sonne. Mit bloßem Auge sichtbar sind die beiden inneren Planeten Merkur und Venus (DER »Abend- oder Morgenstern«, je nachdem, wo sie gerade steht) sowie die äußeren Planeten Mars, Jupiter und Saturn. **Idee 109:** Ob und wo Planeten sichtbar sind, hängt mit deren Position auf der planeteneigenen Umlaufbahn ab – erkundigen Sie sich in astronomischen Jahrbüchern, der Tageszeitung oder im Internet nach den aktuellen Sichtbarkeiten. Auf dem Foto: Venus, Mond und Jupiter.

❯ **Da die Planeten auf festen Bahnen die Sonne umkreisen,** können Sie sie nur in einem der 13 Sternbilder des Tierkreises entdecken. Wenn Sie diese Sternbilder genau kennen, fällt Ihnen sofort ein »fremder« Lichtpunkt auf – das kann dann ein Planet sein.

Mit Stirn- und Taschenlampe ausgerüstet und dem sanften Licht des Vollmonds erobern Sie heute Nacht die schneebedeckte Landschaft. Nur beim Querfeldeinfahren sollten Sie sich auf den Wegen halten, denn die Tiere brauchen Ruhe in ihren Verstecken.

BEI SCHNEE UND EIS

Die schneebedeckten Felder und Wiesen glitzern im Mondlicht – und trotz tiefster Nacht ist es eigentümlich hell draußen. Der weiße Schnee reflektiert jedes bisschen Licht und macht es unseren Augen leicht, sich zu orientieren. Kalt ist es, aber klar die Luft – die beste Zeit für eine Nachtwanderung durch die Schneelandschaft. Der Körper warm eingepackt (nicht zu warm, schließlich soll sich ja bewegt werden), Mütze, Schal und Handschuhe und noch wichtiger das passende Schuhwerk an: Dann geht es los, zu Fuß, auf Schneeschuhen oder Skiern.

Idee 110: Hat es gerade frisch geschneit, lauschen Sie genau hin! Es ist leiser draußen, viel leiser als sonst. Das liegt daran, dass Neuschnee zu 90 Prozent aus Luft besteht – und die vielen luftgefüllten Hohlräume schlucken den Schall ähnlich wie es Styropor auch tut. Ist der Schnee schon älter, verlieren sich diese schalldämpfenden Eigenschaften. Dann werden die filigran-luftigen Eissterne ziemlich rasch durch Tritt oder Temperatur zu kleinen kompakten Schneekügelchen gepresst – ideal zum Schneeball-formen oder Schneemannbauen. Eine Schneeball-schlacht (achten Sie darauf, dass sich keine Stein-chen oder harten Gegenstände in den Schneeball verirren) oder fantasievolle Schneefiguren gestalten – das geht auch im Dunkeln!

Liegen die Temperaturen unter minus 7 Grad Celsius, knirscht der Schnee bei jedem Schritt und Tritt ziemlich laut. Der ältere Schnee ist dann so spröde, dass die einzelnen Schneekügelchen unter dem Gewicht Ihres Fußes scharf aus dem Schneeverband abbrechen. Bei Temperaturen um den Gefrierpunkt sind die Schneekügelchen von Wasser umgeben – nun können Sie bei Belastung lautlos aneinander vorbeigleiten oder sich sogar verformen. Ergo: kein Knirschen!

Und weil Laufen im Schnee so viel anstrengender ist als auf ebenem Boden, gibt es zu Hause einen dampfenden Kakao, mit Sahne und Schokostreuseln obendrauf. Genuss pur ist nun angesagt.

Idee 111: In vielen Wintersportorten gibt es beleuchtete Skipisten und Loipen, in manchen sogar Rodelhänge für nächtliche Schlittenpartien. Dort heißt es auch bei Dunkelheit: »Schifoan!« Das macht Gaudi! Probieren Sie es aus!

Idee 112: MIT DER FACKEL UNTERWEGS

Statt Taschenlampe werden heute Fackeln mitgenommen. Im Schein der brennenden Fackeln sieht die Welt draußen noch einmal so schön aus – lange Schatten werfen die menschlichen Körper, und das Feuer schenkt ein wenig Wärme in der kalten Winternacht. In manchen Skiorten veranstalten die Skilehrer spektakuläre Nachtabfahrten mit Fackeln (erkundigen Sie sich danach!) – und eine Fahrt mit der Pferdekutsche, eingehüllt in eine warme Decke, eine brennende Fackel in der Hand, bringt Ihre Kinderseele, die in jedem Menschen innewohnt, zum Leuchten.

MORGENS UM SIEBEN …

… ist die Welt noch in Ordnung, so heißt ein altes Lied. Wie schön, dass jeder Tag neu und frisch beginnt, mit neuen Chancen und Möglichkeiten. Begeben Sie sich einmal mit diesen Gedanken auf die morgendliche Fahrt (mit Auto oder Fahrrad), etwa zur Schule oder Arbeit, vorbei an Wiesen und Feldern, die noch im Dämmerlicht ruhen. Es liegt ein ganz besonderer Zauber über der Landschaft.

Wenn dann auch noch mindestens eine deckungsgebende Baum- oder Gebüschgruppe in der Nähe ist, schauen Sie genau hin (sofern Sie nicht am Lenkrad sitzen!): **Idee 113:** Wer entdeckt Rehe im kühlen Morgengrauen? Nun sind die Rehe nicht mehr einzeln unterwegs, sondern haben sich über die kalte Jahreszeit in Gruppen gesammelt. Graubraun ist ihr dichtes Winterfell, nicht mehr so schön leuchtend rot wie im Sommerhalbjahr. Auch Rehe scheinen ihre Färbung den gedeckten Winterfarben angepasst zu haben. Nur der weiße Spiegel um den Po leuchtet wie eh und je.

Nun, in Zeiten von Nahrungsknappheit, suchen Rehe auch schon in der Dämmerung morgens und

Mit weiten Sprüngen fliehen Rehe, wenn sie sich in Gefahr wähnen. Dabei dient der weiße Spiegel um den Po wie ein Rücklicht und zeigt den nachfolgenden Tieren, wohin die Herde läuft.

abends, manchmal sogar tagsüber nach dem kargen Pflanzenfutter. Liegt Schnee, dann scharren Rehe die weiße Decke beiseite, um an Pflänzlein zu kommen. Förster freuen sich, denn jedes Grün, das die Rehe von den grünen Flächen aufnehmen, verschont Knospen von Büschen und Bäumen, an die sie sich sonst machen. Rothirsche halten sich hingegen auch im Winter stets versteckt und bleiben nachtaktiv. Sie, und nicht Rehe, sind für die Rindenschäden an den Gehölzen verantwortlich.

Idee 114: AUF NACHT-SPUREN-SUCHE

Dunkel zeichnen sich die Tritte von Feldhasen, Füchsen, Wildschweinen und Rehen im leuchtend weißen Schnee ab – auch in der Stille der Nacht können Sie auf Tierspurensuche gehen! Deutlich sind die schmalen, engen Tierpfade im Wald, in Feld und Flur zu erkennen, wo viele Tiere entlanggehen. Sie verlaufen meist in Schlängeln oder folgen Bach- und Flussläufen. Nicht nur wir Menschen, auch die Tiere bewegen sich in ihrem Lebensraum gern auf denselben Strecken. Haben Sie die Pfoten-, Huf- oder anderen Abdrücke eines Tiers gefunden, beginnt das Ratespiel: Welches Tier war das? Woher ist es gekommen und wohin ist es gelaufen? Wie schnell war es unterwegs – langsam im Schritt oder vielleicht gar im Galopp? Wer findet am meisten heraus? Von unbekannten Spuren machen Sie ein Foto und schauen zu Hause nach.

Wussten Sie, dass Rehe im Winter nur ein Drittel der Nahrungsmenge brauchen, um satt zu werden, wie im Sommer? Grund dafür sind die Darmzotten, die im Winter länger werden und so die Nahrung viel besser verwerten.

Hier ist ein Hase entlanggehoppelt. Die beiden nebeneinander stehenden Abdrücke stammen von den Hinterfüßen, die beiden hintereinander liegenden von den Vorderfüßen.

Idee 115:
KERZENLICHT ERFÜLLT DIE NACHT

Diese Nacht steht unter dem Motto Kunst-Licht. Kerzen, Laternen und bunte Lichter laden zu kreativen Werken ein und leuchten in der Nacht um die Wette. Liegt Schnee und Eis, umso besser: Festes Wasser eignet sich prächtig für Leuchtspiele.

Idee 116: Die einfachsten Lichteffekte bekommen Sie, wenn Sie Kerzen vors Fenster (Achtung, Brandschutz beachten!) oder ein hübsches Windlicht nach draußen vor eine immergrüne Efeukulisse oder gar in den Schnee stellen.

Idee 117: Eine Eislaterne können Sie bei frostigen Temperaturen (oder mithilfe des Tiefkühlfaches) selbst machen. Stellen Sie dazu ein kleineres Glas in ein größeres und füllen Sie Wasser in den Zwischenraum. Eiskalt stellen. Wenn das Wasser gefroren ist, die beiden Gläser entfernen (dann evtl. etwas Wasser in die Gläser einfüllen) – fertig. Nun müssen Sie nur noch ein Teelicht in die Eislaterne stellen – und sich über das glitzernde Kerzenlicht freuen. Bunt wird die Laterne, wenn Sie das Wasser mit etwas Wasserfarben färben, weniger durchsichtig, wenn Sie in das noch flüssige Wasser vor dem Gefrieren kleine Goldsterne, Dekoperlchen oder Trockenblüten geben.

Noch schneller geht's, wenn etwas Schnee liegt:
Idee 118: Aus dem Schnee halbrunde, gewölbte oder fantasievolle Gefäße formen, oben offen natürlich, und in jedes ein Teelicht stellen, anzünden. Auch der Schneemann bekommt ein Teelicht in seine Hand, die Schneefrau sowieso. Denn auch bei Dunkelheit lassen sich aus Schnee die herrlichsten Figuren bauen. Vielleicht gibt es bei Ihnen sogar Eisskulpturen zu bestaunen.

Idee 119:
HIMMELSLATERNEN

Im Geäst der Bäume lassen Sie kleine Kerzenampeln baumeln, natürlich mit genügend Abstand, damit nichts Feuer fängt. Und weil die Lichter noch höher in den Himmel reichen sollen, lassen Sie doch mal ein paar Himmelslaternen steigen. Die papierne Hülle schreiben Sie vorher mit Ihren Wünschen voll – und schon steigen sie hoch ins Universum. Allerdings müssen Sie beim Steigen der Himmelslaternen die regionalen Verbotsregelungen beachten.

Heimelige Stimmung kommt auf im Schein von Kerzenlicht und die Kinderherzen schlagen höher. Wie einfach können Sie das herbeizaubern.

Schnee und Eis sowie stimmungsvolles Kerzenlicht – herrlicher Gegensatz von kalt und warm. Dualität gehört eben natürlicherweise zu unserem Planeten Erde in seiner ganzen Fülle.

WINTERNACHTSPAZIERGANG

Winternächte künden von Klarheit (wenn der Schnee den Staub aus der Atmosphäre putzt) und Lebenswillen (allen widrigen Umständen zum Trotz), von Ruhe und Frieden (mit dem, was gerade ist), von Innenkehr und Rückzug (wo es sich überleben lässt), vom ewigen Kreislauf des Lebens. Nach jedem noch so dunklen, noch so kalten Winter kommt der Frühling, so wie es nach jeder Nacht – und sei sie noch so lang – wieder Morgen wird. Winternächte gehören zum Rhythmus des Jahres wie Sommermittage – und draußen ist nun bei Dunkelheit der gegensätzliche Aspekt zur Sommerhitze spürbar. Aber wir wissen ja auch, dass diese wiederkommt. Oder wollen Sie sich, wenn Sie so nachdenklich durch die lange Nacht spazieren, einmal vorstellen, wie es wäre, wenn es immer so kalt und dunkel bliebe? Ein Szenario, das an die Monate, ja sogar Jahre nach dem verheerenden Meteoriteneinschlag am Ende der Kreidezeit auf der Erde erinnert, dem letztlich unter anderem die Dinosaurier zum Opfer fielen …

Doch der Ruf des Waldkauzes rüttelt Sie aus Ihren Gedanken, bringt Sie zurück in den Wald, den Wald der Gegenwart. Paarungszeit beginnt bei unseren häufigsten Eulen, wenn das »Huhuu« bei Nacht erklingt. Ja, auch sie wissen um den ewigen Kreislauf des Lebens, wenn sich nun die Paare finden, um ihren Nachwuchs der irdischen Natur anzuvertrauen – ebenso die Wildschweine. Die Keiler sind nun besonders narrisch, müssen sie ja doch die stärksten sein, um sich mit den Bachen (so heißen die Weibchen) zu paaren. Kommen Sie diesen Kraftprotzen, die nun völlig anderes im Kopf haben als Fressen, Suhlen und Schubbern, nicht zu nah!

Wenn wieder Ruhe eingekehrt ist, wandert Ihr Blick zu den Baumkronen – den kahlen mit weit ausgreifenden Ästen im Laub-, mit schmal grünen im Nadelwald. Ja, dort oben ruht er jetzt, der Fichtenkreuzschnabel, der in der kältesten Jahreszeit brütet und Küken großzieht (weil nun seine Hauptnahrung, die Samen der Fichtenzapfen, reif werden).

Auch er ist ein Bote des bevorstehenden Frühjahrs, wie die Waldkäuze, die ersten morgendlichen Sänger, und die ersten Blüten an winterkalten Zweigen …

Mit Erstaunen über so viel natürliche Vorsorge und Weisheit begeben Sie sich nach Hause, ins Warme, in die Geborgenheit Ihrer Räume, vielleicht auch an ein knisterndes Feuer oder unter eine wärmende Decke. So gegensätzlich, so vielfältig, so rhythmisch, so paradox ist das Leben. Herzlich willkommen!

Natur bei Nacht Service

NACHTAKTIVITÄTEN

Aktion Krötenwanderung

Alljährlich helfen Naturschützer im Frühjahr den Kröten und Fröschen über die Straßen und bewahren sie so vor dem sicheren Tod auf der Wanderung zu den angestammten Laichplätzen. Helfer werden immer gesucht! Wenn Sie mitmachen möchten, informieren Sie sich bei Ihrem örtlichen Naturschutzverein oder beim NABU
**(www.nabu.de/tiereundpflanzen/
amphibienundreptilien/
aktionkroetenwanderung/)**

Aktion Batnight

An jedem letzten Augustwochenende ist es so weit: An ganz vielen Orten dreht sich in dieser Nacht alles um die Fledermäuse. Seien Sie dabei bei nächtlichen Fledermausexkursionen oder einem herrlich gruseligen Fledermausfest – Vampire dürfen da natürlich nicht fehlen. Termine und mehr Informationen finden Sie unter
www.nabu.de/aktionenundprojekte/batnight/

Aktion Große Nussjagd

Haselmäuse lieben Nüsse. Um herauszufinden, wo die kleinen Siebenschläfer-Verwandten bei Nacht auf Nussjagd gehen, startet der NABU alljährlich zur Großen Nussjagd. Dabei sein ist alles! Mehr Informationen erhalten Sie beim NABU
**(www.nabu.de/tiereundpflanzen/saeugetiere/
aktionen/11550.html)**

Polarlicht

Um das Polarlicht zu beobachten, müssen Sie nicht unbedingt in den winterlichen Polarkreis fahren – auch in Norddeutschland können Sie jedes Jahr in fünf bis zehn Nächten das Polarlicht sehen, freilich deutlich weniger spektakulär als im hohen Norden. Wann es wieder so weit ist, erfahren Sie unter
www.polarlichtinfo.de

Nachttierhaus – bei Tag Nachttiere erleben

Die Zoos in Frankfurt, Berlin, Leipzig, München, Saarbrücken und Stuttgart verfügen über ein Nachttierhaus (Noctarium). Unbedingt besuchen!

Fledermäuse live erleben

Das können Sie im Fledermauszentrum Noctalis in Bad Segeberg (Schleswig-Holstein).
Fledermauszentrum Noctalis
Oberbergstr. 27
23795 Bad Segeberg
www.noctalis-welt-der-fledermaeuse.de

Geocachen

Das ist eine superspannende moderne Schatzsuche mit GPS-Gerät; spezielle Nacht-Caches locken im Dunkeln. Mehr Informationen unter **www.
geocaching.de** oder im Buch »Abenteuer Geocaching« von Ramona Jakob (moses-Verlag, 2012)

Ausrüstung

Fledermauskästen sind erhältlich bei
www.vivara.de oder **www.schwegler-natur.de**

Mehr Bücher zum Thema

Dietmar Nill, Torsten Pröhl, Michael Lohmann:
Eulen. Vögel der Weisheit – Jäger der Nacht.
BLV-Verlag, 2011
Bärbel Oftring: Tiere bei Nacht entdecken.
Moses-Verlag, 2009
Bärbel Oftring: Unser Sternenhimmel.
Moses-Verlag, 2008
Günter D. Roth: Sterne und Sternbilder.
BLV-Verlag, 2006

Bildnachweis

Aders: 73

blickwinkel/:
A. Hartl: 87
B. Trapp: 29l
F. Hecker: 60
   (Einklinker), 117
H. Bellmann: 82r
Hecker/Sauer: 67
J. Kottmann: 83l
K. Wothe: 107l
McPHOTO: 29r

Fotolia.com/:
Adam Gryko: 108
Alex Hubenov: 60/61
binax: 59
blende64: 22
Carlos Solares: 48
   (Einklinker)
DavidMSchrader: 4/5
Dmitry Naumov: 76/77
emotionpicture: 27
FeuerInAllenTöpfen:
   112
F-WORK: 68
Gerhard Seybert: 58
Gorilla: 42
JMP de Nieuwburgh:
108 (Einklinker)
jörn buchheim: 11
K.-U. Häßler: 44l
kalafoto : 10
miiko: 15
Netzer Johannes: 94
Stefan Körber: 119
SteKu: 53

Stephanie Bandmann:
   95
Stephen Coburn: 9
Swetlana Wall: 2/3
yanikap: 104
   (Einklinker)

F. Tomasinelli & G. Radi/
   Lighthouse/OKAPIA:
   52

Gettyimages.com/:
   Colin Barker: 14o
Image Source: 12, 74
Jerry Schad: 13
Johner Bildbyra AB: 41
Kennan Harvey: 114
Meg Fahrenbach, Tea &
   Brie Photography: 75
Michael Melford: 102
Rossana Coviello: 6
Sonya Farrell: 50
   (Einklinker)

Geurt Besselink/KINA/
   OKAPIA: 25

istockphoto.com/:
   elkor: 88/89
Michael Bischof: 113

mauritius images/:
   age: 20l, 43, 44r, 111
Alaska Stock: 45r
Bard Loken: 48/49
Catharina Lux: 8r, 50
cultúra: 54, 71
David & Micha Sheldon:
   34/35, 38l
dieKleinert: 1
Dr. Jochen Müller: 24

Flirt: 107r
Fritz Rauschenbach: 17l,
   96
Garden World Images:
   22 (Einklinker), 83r
Gerard Lacz: 32l
Grafica: 21
Harald Lange: 86
Herbert Kehrer: 79r, 80,
   92/93
ib/Andreas Pollok: 63
ib/Anton Luhr: 26
ib/B. Borrell Casals/
   FLPA: 66
ib/Bahnmueller: 92
   (Einklinker), 115,
   120/121
ib/Caroline Kreutzer:
   90
ib/Christian Hütter:
   82l
ib/Dieter Hopf: 38r,
   46l
ib/Frank Sommariva:
   79l, 84
ib/Franz Christoph
   Robiller: 47l
ib/Gianpiero Ferrari/
   FLPA: 64l
ib/Hans Lang: 57
ib/Horst Jegen: 37, 39l
ib/Horst Sollinger: 81
ib/Hugh Clark/FLPA:
   99r
ib/J & C Sohns: 36
ib/Jurgen & Christine
   Sohns/FLPA: 40
ib/Justus de Cuveland:
   106l
ib/Konrad Wothe:20r

ib/Malcolm Schuyl/
   FLPA: 16, 28l, 33r
ib/Michael Krabs: 64r
ib/Michael Weber: 18,
   101
ib/Ottfried Schreiter:
   98l
ib/Phil McLean/FLPA:
   30/31
ib/Roger Tidman/
   FLPA: 65l
ib/Roger Wilmshurst/
   FLPA: 46r
ib/Shem Compion/
   FLPA: 30 (Einklinker)
ib/Tony Hamblin/
   FLPA: 65r
ib/ulrich niehoff: 103r
Image Source: 100
Johnér: 116
Josef Beck: 45l
Kerstin Layer: 55, 106l
Minden Pictures: 14u,
   17r, 32r, 39r, 76, 90
   (Einklinker), 97, 122
Photri: 78r
purestock: 8l, 70
Quickimage: 56
Reinhard Dirscherl: 28r
Ronald Wittek: 78l
Rubberball: 110
Science Faction: 72
Westend61: 104/105,
   118

Nill: 98r, 99l
OKAPIA KG, Germany:
   62
Pröhl: 33l, 103l

Zeininger: 47r

ÜBER DIE AUTORIN

Bärbel Oftring ist Diplom-Biologin mit den Schwerpunkten Zoologie, Paläontologie und Botanik. Schon als Kind liebte sie es, durch die Feld-, Fluss- und Waldlandschaften ihrer Heimat zu streifen und spannende Dinge zu entdecken. Heute arbeitet sie als Autorin, Redakteurin, Herausgeberin, Ressortleiterin Natur des Familienmagazins Landkind und Leiterin von Naturforscher-AGs in Grundschulen und Kindergärten. In ihren zahlreichen Sachbüchern vermittelt sie auf anschauliche Weise Erstaunliches, Interessantes, Wissens- und Erlebenswertes über Tiere und Pflanzen, Natur und Umwelt an Kinder und Erwachsene. Ihre Bücher wurden in viele Sprachen übersetzt und schon mehrfach mit Preisen ausgezeichnet. Bärbel Oftring lebt mit Familie und Hund zwischen Wald und Streuobstwiesen im Südwesten von Stuttgart.

Impressum

Bibliografische Information der Deutschen Nationalbibliothek
Die Deutsche Nationalbibliothek verzeichnet diese Publikation in der Deutschen Nationalbibliografie; detaillierte bibliografische Daten sind im Internet über http://dnb.d-nb.de abrufbar.

BLV Buchverlag
GmbH & Co. KG
80797 München

©2012 BLV Buchverlag GmbH & Co KG, München

Umschlagkonzeption: Kochan & Partner, München
Umschlagfotos:
Vorderseite: Gettyimages/Fuse
Rückseite: fotolia/binax (links),
fotolia/Stephen Coburn (rechts)

Lektorat: Dr. Friedrich Kögel, Katharina May
Herstellung: Angelika Tröger
Layoutkonzept Innenteil: griesbeckdesign, München
Satz und Layout: griesbeckdesign, München

Gedruckt auf chlorfrei gebleichtem Papier

Printed in Germany
ISBN 978-3-8354-1032-9

Hinweis
Das vorliegende Buch wurde sorgfältig erarbeitet. Dennoch erfolgen alle Angaben ohne Gewähr. Weder Autorin noch Verlag können für eventuelle Nachteile oder Schäden, die aus den im Buch vorgestellten Informationen resultieren, eine Haftung übernehmen.

Natur vor der Haustür spannend erklärt

Andrea Thonot
Kinder entdecken Natur in der Stadt
Unterhaltsame, faktenreiche Lektüre und ein spannendes Lese-
vergnügen für die ganze Familie · Antworten, Geschichten und
Tatsachen zu 50 interessanten Kinderfragen rund um die Natur
in der Stadt · Ein Buch, das Zusammenhänge deutlich macht,
zum Beobachten und zum Entdecken motiviert.
ISBN 978-3-8354-0949-1